U0338468

现代装载机构造与使用维修

主 编 赵文天 姜 婷

北京交通大学出版社

·北京·

内 容 简 介

本教材基于装载机施工作业过程系统化和装载机分时段维护的理念设计教材内容。教材内容与现有教材相比打破了教材结构、原理、维护、故障检修这样一个编写思路，重构教材内容，系统介绍了现代装载机构造与使用维修。体现了装载机工作系统化的过程和工作的真实性。全书共分为 5 个项目，主要内容包括选购装载机、走进装载机、装载机液压系统结构与原理、装载机施工作业与维护、装载机故障检修技术。

本书适合高职高专工程机械运用技术专业的学生作为教材使用。

图书在版编目（CIP）数据

现代装载机构造与使用维修/赵文天，姜婷主编．—北京：北京交通大学出版社，2020.8
ISBN 978-7-5121-4307-4

Ⅰ．①现…　Ⅱ．①赵…②姜…　Ⅲ．①装载机-构造 ②装载机-使用方法 ③装载机-维修　Ⅳ．①TH243

中国版本图书馆 CIP 数据核字（2020）第 154713 号

现代装载机构造与使用维修
XIANDAI ZHUANGZAIJI GOUZAO YU SHIYONG WEIXIU

责任编辑：田秀青
出版发行：北京交通大学出版社　　　　电话：010‐51686414　　http：//www.bjtup.com.cn
地　　址：北京市海淀区高梁桥斜街 44 号　邮编：100044
印 刷 者：三河市华骏印务包装有限公司
经　　销：全国新华书店
开　　本：185 mm×260 mm　印张：12.25　字数：314 千字
版 印 次：2020 年 8 月第 1 版　　2020 年 8 月第 1 次印刷
印　　数：1~2 500 册　定价：45.00 元

本书如有质量问题，请向北京交通大学出版社质监组反映。对您的意见和批评，我们表示欢迎和感谢。
投诉电话：010‐51686043，51686008；传真：010‐62225406；E-mail：press@bjtu.edu.cn。

前　言

2019 年，国务院印发《国家职业教育改革实施方案》。方案中就深化复合型技术技能人才培养培训模式改革，启动 1+X 证书制度试点工作；开展高质量职业培训，落实职业院校实施学历教育与培训并举的法定职责，按照育训结合、长短结合、内外结合的要求，面向在校学生和全体社会成员开展职业培训；加快推进职业教育国家"学分银行"建设等方面提出新的要求。同时 2019 年高职扩招，针对退役军人、下岗失业人员、农民工和新型职业农民，分类编制专业人才培养方案，采取弹性学制和灵活多元教学模式，创新教学组织和考核评价。

"现代装载机构造与使用维修"是工程机械运用技术专业的核心课。在开设工程机械运用技术专业的院校中，部分院校的课程体系中核心课程是按照工程机械产品线来搭建的，尤其以土石方施工机械为主，如装载机运用技术、挖掘机运用技术、压路机运用技术等。在这样的课程体系中，工程机械柴油发动机、工程机械底盘等内容作为独立的课程开设。现有的有关装载机图书内容除装载机基本知识外，还有工程机械柴油发动机、工程机械底盘、工程机械电气等内容。

随着机电一体化及微电子技术的应用，人们可以利用体积很小的大规模集成电路、微处理器为核心，对装载机主要操纵控制系统如传动、转向、作业操纵等进行集成电子控制，实现了半自动化或自动化操纵。这些新技术、新工艺的利用对装载机的使用和维修提出了更高的要求。

基于以上因素，本教材突出装载机本体，以装载机在工程施工作业工作过程为编写思路，从装载机选购、装载机结构认知、装载机施工作业与维护到装载机故障检测维修，系统介绍现代装载机构造与使用维修，具有较强的针对性和实用性。

青海交通职业技术学院与青海正磊金源机械设备有限公司进行校企合作，投入两台柳工 ZL50CN 装载机用于教学，因此本书内容主要以柳工 ZL50CN 装载机为主，结合青海交通职业技术学院在线课程建设，立体化呈现内容，体现现代职业教育混合式教学理念，以满足职业培训、中等职业学校、高等职业学校教学使用。同时，还可以为装载机市场服务管理人员、施工企业操作管理人员提供，按需选取内容。

本书由青海交通职业技术学院赵文天、山西交通职业技术学院姜婷担任主编。项目一、二、四由赵文天编写，项目三、五由姜婷编写，在编写过程中得到青海正磊金源机械设备有限公司、青海海畴工程机械有限公司、青海益松机械有限公司、中国龙工控股有限公司等企业的大力支持，对本书的编写慷慨提供技术资料并提出许多宝贵意见。同时，编者在编写过程中，参考了相关的专业书籍和有关技术资料，以及柳工装载机生产厂家的使用说明书、零件图册等，在此一并表示诚挚的感谢。

由于作者水平有限，加之时间仓促，书中难免存在疏漏和不足之处，恳请广大读者批评指正。

编者
2020 年 3 月

目　录

项目1　选购装载机

　　某工程承包公司，常年承包道路桥梁施工工程，在施工过程中需要一些施工机械，近年来由于工程机械租赁费用高，导致公司运行成本增加，为了节约成本，提高工作效率，公司决定购买一些施工机械。本年度该公司通过投标，承接某道路工程路基路面工程的建设施工项目，由于该项目土方量大，需要铲装运输机械，公司决定选购几台装载机。

任务 1.1 认知装载机型号与参数

 学习内容

装载机型号和参数的含义。

 学习目标

（1）知识目标：知道装载机的功能与装载机的类型；知道装载机型号与参数。
（2）能力目标：会区分装载机的类型；会识别装载机的信号。
（3）素质目标：善于观察、善于交流沟通。

1.1.1 装载机的用途和适用场合

1. 装载机的用途

装载机是一种具有较高作业效率的工程机械，主要用于对松散的堆积物料进行铲、装、运、挖等作业，也可以用来整理、刮平场地以及进行牵引作业；换装相应的工作装置后，还可以进行挖土、起重以及装卸物料等作业；也可对矿石、硬土等进行轻度铲挖作业。

2. 装载机的适用场合

装载机属于铲土运输机械，广泛用于公路、铁路、城建、矿山、水电、油田、料场、国防以及机场建设等工程施工，对加速工程进度、保证工程质量、改善劳动条件、提高工作效率以及降低施工成本等都具有极为重要的作用。

1.1.2 装载机的分类

1. 按照装载机的发动机功率来分

按照装载机的发动机功率，装载机可分为小型、中型、大型、特大型四种，如图 1-1所示。

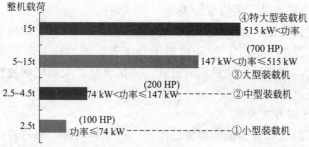

图 1-1 按装载机的发动机功率来分的装载机类型

2. 按照装载机的结构形式来分

1）按照装载机行走结构形式分类

按照行走结构形式装载机分为轮式和履带式两种。

（1）轮式装载机。以轮式专用底盘作为行走结构，并配置工作装置及其操纵系统而构成的装载机为轮式装载机，如图1-2所示。轮式装载机具有自重轻、行走速度快、机动性好、作业循环时间短、作业效率高和操作轻便等特点，同时还具有制造成本低、维护方便的特点。

图1-2　轮式装载机

（2）履带式装载机。以履带式专用底盘或工业拖拉机作为行走结构，并配置工作装置及其操纵系统而构成的装载机为履带式装载机，如图1-3所示。履带式装载机具有驱动力大、爬坡能力大、越野及稳定性好等优点，但履带式装载机采用的是推土机的底盘，制造维护成本高。

图1-3　履带式装载机

2）按照装载机的发动机安装位置分类

按照发动机的安装位置装载机可分为前置式和后置式两种。发动机置于操纵者前方的称为前置式装载机，如图1-4所示；发动机置于操纵者后方的称为后置式装载机，如图1-5所示。国产大中型轮式装载机普遍采用后置式，其优点是扩大司机的视野，发动机可兼作配重使用，以减轻整机重量。

3）按照装载机转向方式分类

按照转向方式装载机可分为偏转车轮转向式、铰接转向式、滑移转向式三种。

偏转车轮转向式装载机又分为前轮转向装载机（如图1-6所示）、后轮转向装载机（如

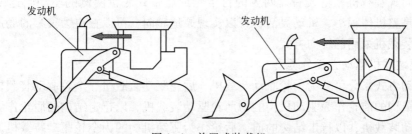

图 1-4 前置式装载机

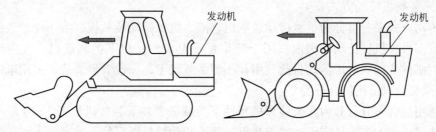

图 1-5 后置式装载机

图 1-7 所示)、全轮转向装载机（如图 1-8 所示）。偏转车轮转向式装载机采用整体车架，具有机动灵活性差的特点，一般不宜采用。

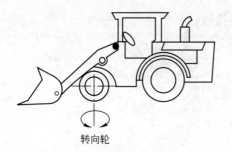

图 1-6 前轮转向装载机

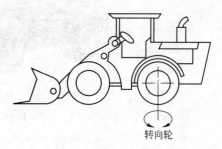

图 1-7 后轮转向装载机

铰接转向式装载机轮式底盘的前轮、前车架及工作装置，绕前后车架中间的铰接销做水平摆动，实现转向，是常采取的转向方式。其优点是转弯半径小、机动灵活，可以在狭窄的小场地进行作业，是目前常采用的，如图 1-9 所示。

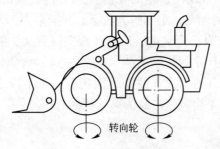

图 1-8 全轮转向装载机

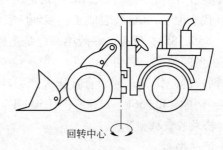

图 1-9 铰接转向式装载机

滑移转向式装载机靠轮式底盘两侧的行走轮或履带式底盘两侧的驱动轮速度差实现转向。其优点是整机体积小、机动灵活，可以实现原地转向，可以在更为狭窄的场地作业，是近年来微型装载机采用的转向方式。

　　4）按照装载机驱动方式分类

　　按照驱动方式来分可分为前轮驱动装载机、后轮驱动装载机、全轮驱动装载机三种。

　　以行走结构的前轮作为驱动机构的为前轮驱动装载机，以行走结构的后轮作为驱动机构的为后轮驱动装载机，以行走结构的前、后轮作为驱动机构的为全轮驱动装载机。现代装载机多采用全轮驱动方式。

　　5）按照装载机传动方式分类

　　按照传动方式来分可分为机械传动装载机、液力机械传动装载机、液压传动装载机、电传动装载机四种。机械传动在国内仅用于铲斗容量为 0.5 m³ 以下的装载机，大中型装载机都采用液力机械传动，液压传动目前只用在小型装载机上，少数大型装载机采用电传动。

　　6）按照装载机适用场合分类

　　按照适用场合来分可分为露天装载机和井下装载机。井下装载机如图 1-10 所示。国内外生产的装载机绝大多数是露天轮式装载机，井下装载机是根据井下巷道的工作条件，对发动机的排污和噪声、整机高度、工作装置、操作系统布置等提出特殊要求后在露天用装载机的基础上变形设计而来。

图 1-10　井下装载机

1.1.3　装载机的型号与参数

　　1. 装载机型号

　　一般来说，装载机型号的表示由三组符号组成。第一组是最前面的英文字母，一般表示生产厂家或产品型号，例如，ZL 代表轮式装载机，LG 代表龙工或临工，FL 代表福田雷沃，X（G）代表厦工，CG 代表成工，多是厂家名称的缩写。第二组为数字，一般多为 3 位，例如 936、855、853，等等，一般第一位是主机厂家自己命名的，没有什么实际意义，第二位一般是机型的吨位，例如 3 t、5 t，第三位一般是厂家的技术平台，一般是指轴距、配置等。如果是两位的，如 30、50，直接代表产品吨位。有的厂家在数字后面还有一个字母或者罗马数字，例如，LL956F、ZL50C、ZL50-Ⅱ，是指平台或者产品为第几代的意思。

　　2. 轮式装载机型号

　　1）产品型号

　　产品型号由企业标识、特征代号、产品类别代号、主参数代号、平台代号及换代号构成，如图 1-11 所示。

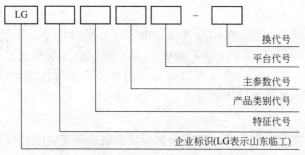

图 1-11　产品型号表示方法

2）特征代号

特征代号见表 1-1。

表 1-1　特征代号

产品类型	特征名称	特征代号	备注
铲土运输机械	铰接转向轮式装载机		
	履带式装载机	C	crawl 爬行
	滑移转向轮式装载机	S	slippage 滑移
压实机械	单钢轮振动压路机	S	single 单
	双钢轮振动压路机	D	double 双
	三钢轮静碾压路机	R	roller 碾子
混凝土机械	拖式混凝土输送泵	T	tow 拖
	混凝土泵车	M	move 移动
挖掘机械	履带式挖掘机		
	轮式挖掘机	W	wheel 轮子
	轮式挖掘装载机	B	backhoe loader
路面机械	路面铣刨机	P	plane 刨

3）产品类别代号

产品类别代号用一位阿拉伯数字表示，见表 1-2。

表 1-2　产品类别代号

产品类别代号	产品类别名称	备注
5	路面机械	铣刨机、摊铺机等
6	挖掘机械	挖掘机、挖掘装载机等
7	混凝土机械	混凝土泵等
8	压实机械	压路机、夯实机
9	铲土运输机械	装载机、推土机、铲运机

4）主参数代号

主参数代号用阿拉伯数字表示。装载机用额定载重量（单位为吨）的圆整数乘以 10 表示；挖掘机和挖掘装载机用整机质量（单位为吨）的圆整数乘以 10 表示；压路机用工作质量（单位为吨）的圆整数表示；混凝土泵用理论输送量（单位为立方米每小时）的圆整数表示；铣刨机用铣刨宽度（单位为毫米）的圆整数表示。

5) 平台代号

根据产品状态、技术性能、结构配置等，确定产品平台代号，一般分为经济档、中档、中高档、高档，分别用数字 2、3、6、8 或 9 表示。小于 2 t 的装载机不使用平台代号，在该字段用字母表示驱动方式。机械驱动用 M 表示、静液压驱动用 H 表示、液力驱动省略字母。装载机、压路机以外的产品不使用平台代号。

6) 换代号

当产品结构、性能有重大改变，需要重新设计、试制和鉴定时，应给出换代号。换代号用阿拉伯数字顺序表示。无换代号时，去掉主参数代号后的 "-"。

7) 编号

为了区分装载机的型号，使用和国际接轨的编号，厦工有 XG910、XG920、XG931、XG942、XG951，柳工有 LG836、LG835、LG842、LG856、LG855。国际上把装载机以数字的形式编为 9，中间的 1、2、3、4、5 代表装载机荷载吨位，也就是人们常说的 30、40、50 后面的数字代表它是第几代产品。

厦工的编号第一个数是现在的国际编号，931 是厦工的装载机 3 t 的第 1 代产品，918 是厦工的装载机的 1 t 的第 8 代产品。

柳工的第一个数是以前的国际编号，所以用的是 8，LG855 就是柳工装载机 5 t 的第 5 代产品。

3. 装载机技术参数

1) 发动机功率

发动机（如图 1-12 所示）在额定转速时所测定的功率，也称为车辆总功率，一般以 kW 为单位。

图 1-12　发动机

2) 斗容

斗容分为几何斗容和额定斗容，一般以 m^3 为单位。几何斗容也称平装斗容，额定斗容也称名义堆装斗容，如图 1-13 为装载机的铲斗。由于铲取不同物料时铲斗的容重不同，铲斗容量也就不同。

正常斗容铲斗，是用来铲装容重（1.4~1.6）t/m^3 的物料，如砂、砾石、碎石、松散泥土或泥等。加大斗容铲斗，其斗容一般为正常斗容的 1.4~1.6 倍，用来铲装容重 1.0 t/m^3 左右的物料，如煤等。岩石斗容铲斗，其斗容一般为正常斗容的 0.6~0.8 倍，用来铲装容重大的物料，如矿石等。当装载机铲装较轻物料（容重小）时，所需铲起力小，可配用加大斗容铲斗。而当铲装较重物料（容重大）时，所需铲起力较大，则配用减小斗容铲斗。

图 1-13　装载机铲斗

3）额定载重量

保证装载机必要的稳定性时，它所具有的最大载重能力称为额定载重量，如图 1-14 所示。

图 1-14　额定载重量

4）牵引力

牵引力是指装载机驱动轮缘上所产生的推动车轮前进的作用力，一般以 kN 为单位。插入力是指装载机铲掘物料时，在铲斗斗刃上产生插入料堆的作用力。装载机铲斗插入料堆的插入力是装载机的重要技术性能，它与牵引力是密切联系在一起的，所以一般在技术规格中只标注出牵引力，如图 1-15 所示。

图 1-15　牵引力

5）铲起力

如果在铲斗举升或转斗过程中，引起装载机后轮离开地面，则垂直作用在铲斗上，使装载机后轮离开地面所需的力就是铲起力（如图 1-16 所示），一般以 kN 为单位。

图 1-16　铲起力

6）倾翻载荷

倾翻载荷是指装载机在下列条件下，使装载机后轮离开地面而绕前轮与地面接触点向前倾翻时，在铲斗中装载物料的最小重量（如图 1-17 所示）。

① 装载机停在硬的较平整水平路面上；

② 装载机带基本型铲斗；

③ 装载机为操作质量；

④ 轮胎充气压力在规定范围；

⑤ 动臂处于最大平伸位置，铲斗后倾；

⑥ 铰接式装载机处于最大偏转角位置。

图 1-17　倾翻载荷

7）车速

车速应满足装载机铲掘工作时的速度和运输时的速度，一般有前进和倒退各挡额定速度。装载机作业时行进速度为 3~4 km/h 为宜。速度过大会引起滑转的增加，延长装满铲斗的时间，增加驾驶员的疲劳和降低装载机的作业效率。轮式装载机的最大行驶速度为 30~40 km/h。

8）最大爬坡度

最大爬坡度一般为 25°~30°，如图 1-18 所示。

图 1-18　最大爬坡度

9）最小转向半径

最小转向半径是指最外侧车轮（一般是装载机后轮）纵向对称面的最小转向半径，如图 1-19 所示。

图 1-19　最小转向半径

10）工作装置动作三项和

工作装置动作三项和是指铲斗提升、下降、卸载三项时间的总和，单位为秒。

11）装载机主要尺寸参数

（1）铲斗的卸载角。

卸载角是指铲斗处于最高提升位置并最大前倾时，其底部平面与水平面之间所形成的角度。也称为铲斗倾斜角，即铲斗在卸载时斗底与水平面的夹角，此角在不同的卸载高度时是不同的，但应该能使装入铲斗中的物料能全部卸出，允许铲斗在卸料时进行几次抖振，以抖掉粘在铲斗上的物料，通常取 50°左右，且在任何提升高度时不应小于 45°，如图 1-20 所示。

（2）铲斗的卸载高度。

铲斗卸载高度是指在铲斗倾斜角为 45°时，铲斗斗尖离地高度。最大卸载高度（H_{max}）是动臂在最大举升高度和铲斗底面与水平成 45°时的卸载高度。

（3）卸载距离。

铲斗卸载距离是在铲斗倾斜角为 45°时，铲斗斗尖与装载机前轮胎之间的距离；最大卸

图1-20 铲斗倾斜角

载距离（S_{max}）是指铲斗底面与水平成45°时，铲斗斗尖与装载机前轮胎之间的距离。

（4）外形尺寸。

装载机的外形尺寸用其长度、宽度、高度表示，如图1-21、图1-22、图1-23、图1-24所示。长度是指铲斗斗尖至车体末端的水平距离。宽度是指在装载机横向左右最外侧之间的距离。高度是指装载机铲斗落地时，装载机最高点到地面之间的垂直距离。

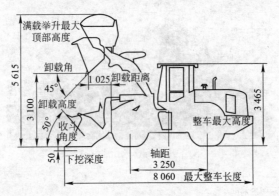

图1-21 装载机外形尺寸（一）

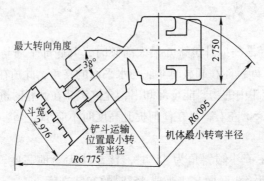

图1-22 装载机外形尺寸（二）

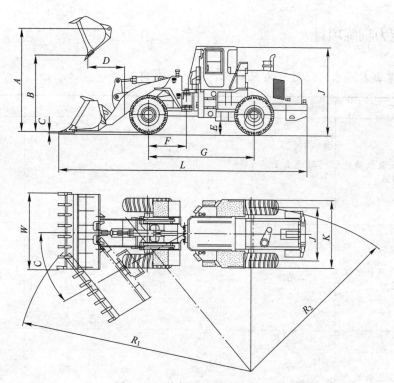

图 1-23　装载机外形尺寸（三）

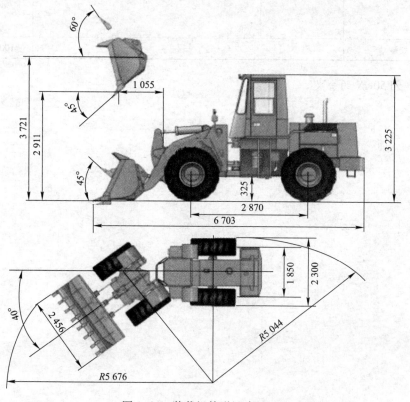

图 1-24　装载机外形尺寸（四）

能力训练项目

1. 现有装载机一台，通过观看装载机，完成下表内容。

序号	项目	方法	操作内容或步骤	配分	得分
1	装载机功能及特点	写出主要的功能		10	
2	装载机的使用范围	列举几种		12	
3	装载机的性能参数	主要参数		78	
考核教师			总分	100	

2. 写出 ZL50CN 的含义。

任务1.2 装载机选购相关知识

 **学习内容**

深入各装载机销售企业来选购所需要的装载机。

 **学习目标**

（1）知识目标：认识企业文化内涵，知道不同型号装载机的功能与优缺点，知道营销技巧。

（2）能力目标：会运用装载机的参数和型号选购装载机；会比较不同厂家的装载机。

（3）素质目标：诚信品质，沟通能力。

1.2.1 柳工装载机

1. 柳工企业简介

广西柳工集团有限公司（简称柳工）是国有资产授权经营方式组建的国有独资企业，创建于1958年，核心企业广西柳工机械股份有限公司于1993年改制上市，是行业和广西第一家上市公司。截至2019年公司拥有全资及合资子企业13家，总资产近290亿元，集团总部及下属控股子公司现有员工约1.3万人。

柳工先后荣获中国500强企业、中国机械工业百强、中国制造业企业500强、世界工程机械50强企业、中国企业信息化500强企业、全国质量效益型先进企业、第二批全国事业专利试点工作先进单位、中国企业经营领域最高奖–全国质量奖、全国十家国有典型企业之一、"CCTV60年60品牌"大奖、装备中国功勋企业、全国文明单位、全国创先争优先进基层党组织、全国五四红旗团委、中国工业示范单位、全国机械行业文明单位、全国机械行业十大企业文化特色单位、全球成长型公司、波兰最佳中国投资者、工业企业质量标杆、中国装备工业10大国际化品牌、中国装备工业品牌价值50强、广西优秀企业、广西百强企业等称号。

柳工拥有以外籍专家、"八桂学者""特聘专家""柳工科学家"领衔的前瞻性全球研发团队，其中外籍人员150多人，博士、硕士研究生300余人。柳工汇聚全球创新资源，创立了基于全球市场需要的技术和产品研发流程（LDP流程），设立了面向全球布局的研发组织，不仅在国内设立产品线的研究院，还在波兰、印度、英国、美国等国家设立产品和技术研究所。柳工新建国家土方机械工程技术研究中心，加大一流试验设施的投资，强化对重型机械设备的前瞻性研究以及产品开发、整机及部件匹配试验与测试和产品可靠性验证。柳工具备一流的自主创新实力，设有国家级企业技术中心和博士后工作站，以自主开发为主，多种合作开发为辅的创新发展模式，构筑起柳工强大的国际化研发平台。

柳工拥有全球领先的产品线，涉及挖掘机械、铲土运输机械、起重机械、工业车辆、压实机械、路面施工与养护机械、混凝土机械、桩工机械、钢筋和预应力机械、压缩机、经济作物机械化设备、气动工具、工程机械配套件等13大类产品品种，32种整机产品线，主要产品包括装载机、液压挖掘机、推土机、平地机、压路机、汽车起重机、叉车、旋挖钻机、混凝土泵车、压缩机、糖料蔗生产全程机械化设备、装载机传动件和柴油发动机等。其中柳工牌装载机是中国第一品牌，装载机产品销售收入多年持续保持国内行业第一；预应力锚具、桥梁拉索及旋挖钻机、液压连续墙抓斗等产品连续多年居于行业前列；挖掘机产品进入国内民族挖掘机品牌前列。

目前柳工在全国拥有包括柳州、上海、镇江、无锡、扬州、常州、蚌埠等在内的国内制造基地，柳工打造了行业最具竞争力的营销和服务配件网络，在国内有100多家实力雄厚的一级经销网络和1 000多家销售服务网点，保证了公司以最快的速度对市场做出反应。

近年来柳工实施国际化战略成效显著，柳工海外销售收入占比超过了30%。柳工以"一带一路"倡议引领国际化拓展，打造了中国工程机械行业在海外规模最大、效率最高、覆盖面最广的海外业务网络。目前，柳工在130多个国家拥有380家经销商、2 650多个服务网点，分布在全球五大洲各市场重点要塞。2008年在印度开始建设柳工第一个海外制造工厂，2011年收购波兰HSW，建立欧洲制造基地，截至2019年柳工分别设有四家海外制造基地（波兰、印度、巴西、阿根廷）和九家营销子公司（新加坡、印度、中东、俄罗斯、荷兰、波兰、美国、巴西和南非）。

柳工在"十三五"期间，紧紧围绕装备制造业全球优势，抓住深化国有企业改革、"一带一路"倡议、中国制造2025、供给侧结构性改革等机遇，重点强化"工程机械""建筑机械"两大核心产业板块，全力推进柳工机械和欧维姆的深度国际化，打造两个国际知名品牌；创新升级"通用机械"传统产业板块；大力发展"农业机械""机器人"两大战略性新产业；构建产融结合、产业互补的"现代金融服务业"平台；形成"五大机械板块、一大服务平台"的现代装备制造与服务的集团公司。

2. 柳工企业文化

柳工集团使命——为全球客户提供卓越工业装备与服务。

柳工集团愿景——成为世界级的工业装备与服务产业集团。

柳工集团核心价值观——客户导向　品质成就未来　以人为本　合作创造价值。

社会责任——柳工集团作为国有大型骨干企业，始终把履行社会责任放在重要位置，按照ISO 26000国际规范要求制订社会责任战略规划，推动社会责任融入核心价值观、战略和发展规划以及经营管理各个环节。

柳工将社会责任融入产品研发、制造、销售等产品全生命周期中，推行绿色设计，绿色生产，并发展二手机及再制造业务；柳工关注社会民生，积极参与公共文化及教育、贫困地区建设、灾害防治、国防建设等社会公益事业，建立健全柳工应急救援制度，在抗洪抢险、地震救灾、服务南北极、应急维稳中发挥重要作用；柳工连续7年修订并发布年度社会责任报告，与全球广大利益相关方分享社会责任工作的开展情况，打造卓越的企业社会责任品牌。

3. 柳工装载机系列产品

柳工装载机系列产品见表 1-3。

表 1-3　柳工装载机系列产品

序号	系列产品	型号
1	柳工 3 t 及 3 t 以下装载机	CLG836 装载机、CLG835 装载机、CLG833 装载机、ZL30E 轮式装载机、CLG816A 装载机、CLG816C 装载机、CLG818C 装载机、CLG820C 装载机、CLG820C-Ⅰ装载机、CLG825C 装载机、CLG820C（国三）装载机、CLG818C（国三）装载机、CLG816C（国三）装载机、CLG836（国三）装载机、CLG833（国三）装载机、CLG835H 装载机、CLG836-Ⅰ轮式装载机
2	柳工 4 t 装载机	CLG842 装载机、CLG842Ⅲ轮式装载机、ZL40B 装载机、CLG840H 装载机
3	柳工 5 t 装载机	ZL50CN 轮式装载机、CLG855N 装载机、CLG855 装载机、CLG856 轮式装载机、CLG856H（国三）装载机、ZL50CNX 装载机、CLG853（国三）装载机、CLG856-LNG 装载机、CLG850H（国三）轮式装载机、ZL50CN-3（国三）轮式装载机、CLG856H 轮式装载机、ZL50CN-LNG 轮式装载机、ZL50CNX-3 装载机
4	柳工 6 t 及 6 t 以上装载机	CLG888 轮式装载机、CLG862 装载机、CLG888-Ⅲ轮式装载机、CLG877-Ⅲ轮式装载机、CLG870H 装载机、CLG860H 装载机、CLG862-LNG 轮式装载机、CLG888-LNG 轮式装载机、CLG8128H 轮式装载机、CLG890H 轮式装载机、CLG862H（国三）轮式装载机、CLG886H（国三）轮式装载机

图 1-25 为柳工不同型号的装载机。

图 1-25　柳工不同型号的装载机

1.2.2　厦工装载机

1. 企业简介

厦门厦工机械股份有限公司（简称厦工），创建于 1951 年，1993 年 12 月由厦门工程机械厂改制为上市公司（股票代码为 600815），注册资本为 95 896.998 9 万元，总资产约为 117 亿元。

厦工拥有厦门、三明、焦作、泰安等研发生产基地，具备年产 40 000 台装载机、15 000 台挖掘机、10 000 台叉车、5 000 台道路机械的生产能力，是国家重点生产装载机、挖掘机、叉车、道路机械、小型机械、环保机械、混凝土机械、桩工机械、起重机械、隧道掘进机械等产品的骨干大型一类企业，是当今中国最大的工程机械制造基地之一。

60 多年来，厦工敢为超越，变革创新，先后赢得了多项重量级荣誉："厦工及图"商标先后荣获"福建省著名商标""中国驰名商标"称号；厦工产品多次获得"厦门优质品牌""福建省名牌产品""中国名牌产品"称号；厦工多次获得"中国工程机械制造商 50 强""全球工程机械制造商 50 强""全国机械行业文明单位""装备中国功勋企业"等荣誉以及"全国高技能人才培养示范基地""机械工业高技能人才培养示范基地""2011 年福建省质量奖""2015 年度中国企业五星品牌"等殊荣。

2. 企业文化

厦工核心价值观：创见 敢为 协动 超越。

创见——创新思维，敏锐洞察，拓展视野，重在实践。

敢为——激流勇进，敢为人先，勇于担当，敢于突破。

协动——坦诚沟通，团队协作，默契配合，分享合作。

超越——胸怀梦想，珍惜机遇，拼搏进取，超越巅峰。

使命——致力于工程机械制造与服务，实现客户、员工、股东共同发展，创造人类美好家园。

愿景——国际领先的工程机械系统解决方案提供商。

3. 厦工装载机系列产品

厦工装载机系列产品见表 1-4。

表 1-4　厦工装载机系列产品

序号	系列产品	型号
1	厦工 3 t 及 3 t 以下装载机	XG916Ⅰ 轮式装载机、XG918I 轮式装载机、XG918T 轮式装载机、XG918TE 轮式装载机、XG931H 轮式装载机、XG932H 轮式装载机、XG935H 轮式装载机、XG902 轮式装载机、XG904 轮式装载机、XG906 轮式装载机、XG916IL 轮式装载机、XG918 轮式装载机
2	厦工 5 t 装载机	XG955Ⅲ 装载机、XG951H 轮式装载机、XG953H 轮式装载机、XG955H 轮式装载机、XG956H 轮式装载机、XG958H 轮式装载机、XG956HN 轮式装载机
3	厦工 6 t 以上装载机	XG962H 轮式装载机

图 1-26 为厦工装载机系列产品。

图 1-26　厦工装载机系列产品

1.2.3 龙工装载机

1. 企业简介

中国龙工控股有限公司（简称龙工）是第十一届全国人大代表、全国劳动模范、优秀中国特色社会主义事业建设者、中国优秀民营科技企业家李新炎先生，于 1993 年创立的一家工程机械制造公司。2005 年在香港联交所主板上市（股票代码：3339），之后进入恒生指数系列，是中国工程机械行业第一家境外上市公司，名列"全球工程机械 50 强""中国机械工业企业核心竞争力 100 强""全国百家侨资明星企业"。

2. 企业文化

龙工企业文化包括精神、制度、物质三大层面。

企业愿景——成为"令人尊敬的全球工程机械卓越运营商"。

企业的使命——用智慧创造价值，以效率造福人类。

企业宗旨——以人为本，人机合一。

企业精神——勤耕、善行、远瞻、创新。

文化基因——仁·信·精·巧。

企业作风——精耕细作，务实高效。

3. 龙工装载机系列产品展厅陈列

龙工装载机系列产品见表 1-5。

表 1-5　龙工装载机系列产品

序号	系列产品	型号
1	龙工 3 t 及 3 t 以下装载机	LG833N 高卸王（国三）、LG823D 装载机、LG818D 装载机、LG816D 装载机、LG812D 轮式装载机、LG825D 装载机、LG832E 环卫专用车、LG832E 小型装载机、LG828E 小型装载机、LG826E 小型装载机、LG820E 小型装载机、LG818E 小型装载机
2	龙工 5 t 装载机	LG855N（国三）装载机、LG850N（国三）装载机、LG853N 高卸王（国三）、ZL50NC（国三）装载机、LG855B 装载机、CDM856N（国三）装载机
3	龙工 6 t 及 6 t 以上装载机	LG862N 装载机、LG863N 轮式装载机、LG876N 轮式装载机、LG863N 砂石王轮式装载机、CDM866N 轮式装载机、CDM855NW 石料叉装载机轮式装载机

图 1-27 为龙工装载机系列产品。

图 1-27　龙工装载机系列产品

1.2.4　其他品牌的装载机

除了上述三种品牌的装载机外，国内外还有很多品牌的装载机，见表 1-6。

表 1-6 国内外装载机品牌

国别或地区	装载机生产企业
中国	山工、山东临工、山推、徐工、国机常林、雷沃重工、英轩重工、晋工、三一重工、德工、厦金、力士德、雷乔曼、厦装、洛阳路通、利得、临工集团-临工特机、山河智能、厦盛、威盛、国机洛阳、瑞诺重工、沃得、福工、远山、威克诺森
欧美	约翰迪尔、卡特彼勒、沃尔沃、凯斯、利勃海尔
日本	日立、小松、竹内
韩国	斗山、现代

俗话说货比三家，公司老板通过现场了解和对比后，最终选择购买柳工装载机。

 ## 能力训练项目

企业实践：走进装载机销售企业，完成一份有关装载机的调研报告，同时对比不同型号的装载机性能。

项目2　走进装载机

　　某工程承包公司老板走进装载机销售企业，通过对多家企业装载机的了解与比较，最终选购了一台柳工生产的 ZL50CN 轮式装载机。由于该工程承包公司的员工对装载机的运用了解甚少，为了尽快使装载机投入生产，且在生产过程中减少由于操作不当等因素带来的影响，工程承包公司老板决定，请装载机运用技术能手赵师傅对公司的两名员工进行装载机运用技能培训。

任务 2.1 熟知装载机基本结构与工作原理

 学习内容

装载机基本结构与工作原理。

 学习目标

（1）知识目标：熟知装载机的总体结构组成与工作原理；各部件、总成之间的装配关系。
（2）能力目标：会拆装和更换装载机易损件；会解体和组装装载机。
（3）素质目标：团队协作、交流沟通、文明生产、5S 理念。

目前大多数装载机为轮式装载机。轮式装载机主要由发动机、底盘、电气系统、液压系统、工作装置五大部分组成。图 2-1 为 ZL50CN 轮式装载机结构组成。

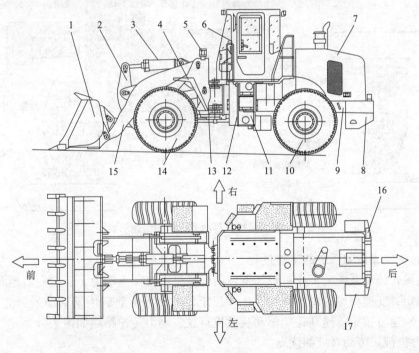

1—铲斗；2—摇臂；3—铲斗油缸；4—挡泥板；5—前大灯；6—驾驶室；7—发动机罩；8—配置；9—后车架；10—后轮；11—液压油箱；12—扶梯；13—前车架；14—前轮；15—动臂；16—后小灯、转向灯、制动灯；17—电瓶箱。

图 2-1 ZL50CN 轮式装载机结构组成

2.1.1　发动机

轮式装载机采用的动力装置主要是柴油发动机，采用后置式，驾驶室在中间，这样整机的重心位置比较合理，驾驶员视野开阔，有利于提高作业质量和生产率。

2.1.2　底盘

轮式装载机底盘包括传动系统、行走系统、转向系统、制动系统四大部分。

1. 传动系统

装载机动力装置和驱动轮之间的所有传动部件总称为传动系统。传动系统的作用是将动力装置输出的动力按照需要传给驱动轮和其他操纵机构，实现降低转速、增大扭矩、倒向行驶，以及必要时中断动力传动并起差速作用。

装载机传动系统的类型包括机械式、液力机械式（简称液力传动）、液压式、电传动式四种。其中应用最广泛的是液力机械式。

1）液力机械式传动系统的组成

液力机械式传动系统由液力变矩器、动力换挡变速器、前传动轴、后传动轴、前驱动桥、后驱动桥、车轮等组成。液力机械式传动系统结构组成示意图如图 2-2 所示，液力机械式传动系统在装载机上的布置如图 2-3 所示。

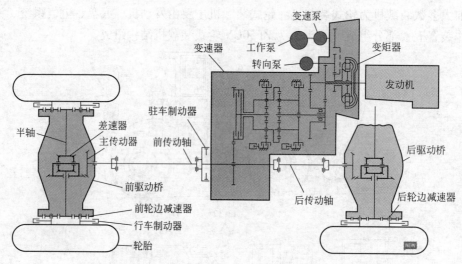

图 2-2　液力机械式传动系统结构组成示意图

2）液力机械式传动系统的工作过程

液力机械式传动系统的工作过程如下：由柴油机系统产生动力，通过变矩器向变速箱传递合适的扭矩，变速箱可提供不同的速比和扭矩方向，再由前后传动轴输入到前后驱动桥，驱动桥经过减速将扭矩传递到轮胎驱动装载机行驶，动力传递路线如图 2-4 所示。

3）液力机械式传动系统的优点

① 装载机自动适应性强。当外载荷突然增大时，能自动降低输出转速，增大扭矩，以克服增大的外载荷。反之，外载荷减小时，自动提高车速，减小扭矩。

② 车辆的使用寿命长。液力机械式传动系统变矩器的动力传动利用液体作为工作介质，

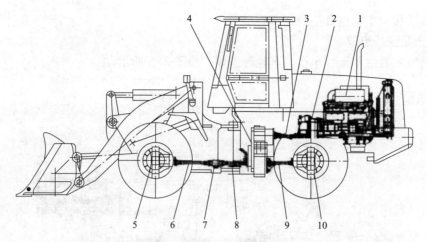

1—发动机；2—液力变矩器；3—主传动轴；4—变速箱；5—前驱动桥；6—前传动轴；

7—中间支撑；8—中间传动轴；9—后传动轴；10—后驱动桥。

图 2-3　液力机械式传动系统在装载机上的布置

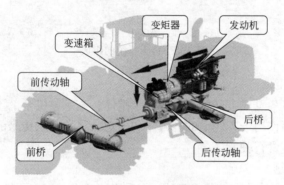

图 2-4　动力传递路线

传动非常柔和平稳，能吸收振动和冲击，不但是整个传动系统寿命提高，也延长了发动机的使用寿命。

③ 车辆的行驶舒适性好。装有液力机械式传动系统的装载机起步平稳，振动和冲击小，提高了驾驶员的舒适性。

④ 提高装载机的通过性。装有液力传动装置的装载机具有良好的低速稳定性、通过性，可以在泥泞地、沙地、雪地等软路面以及非硬质土路面行驶或作业。

⑤ 操纵轻便、简单、省力。液力变矩器本身相当于一个无极自动变速器，在变矩器的扭矩变化范围内，不需要换挡；超出变矩器扭矩变化范围时，可用动力换挡变速器换挡。而动力换挡变速器可不切断动力直接换挡，使操纵简化而省力，大大减轻了驾驶员的劳动强度。

4）液力机械式传动系统的缺点

① 结构复杂、成本高、维修困难。

② 液力传动效率低，经济性差。

③ 液力传动元件的输入和输出构件之间没有刚性连接，不能用牵引的方法来启动发动机。

2. 行走系统

行走系统是轮式装载机底盘的重要组成部分之一。轮式装载机通常不设悬架，车桥与车架直接刚性连接，车轮也直接装在车桥上。

1）行走系统的组成

行走系统主要由车架、车桥、车轮等组成，如图 2-5 所示。

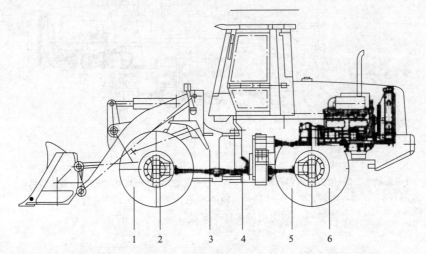

1—前车轮；2—前驱动桥；3—前车架；4—后车架；5—后轮；6—后驱动桥。

图 2-5　行走系统的组成

2）行走系统的功用

行走系统使装载机各总成、部件连接成一个整体；支承整机全部重量，吸收振动，缓和冲击，承受和传递路面作用于车轮上的各种力和力矩，将传动系传来的转矩转化为行驶的牵引力，保证装载机的正常行驶。

3）行走系统的类型

轮式装载机车架有整体式和铰接式两种，多采用铰接式（也称折腰式），如图 2-6 所示。

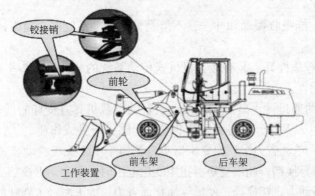

图 2-6　铰接式车架

3. 转向系统

一套用来改变或恢复装载机行驶方向的专设机构称为装载机的转向系统。

1）转向系统的功用

使装载机在行驶中或作业时能按照驾驶员的要求适时改变其行驶方向，并在受到路面传来的偶然冲击而意外地偏离行驶方向时，能与行走系统配合共同恢复原来的行驶方向，即保持其稳定的直线行驶。

2）装载机转向方式

装载机转向方式分为偏转车轮转向（如图 2-7 所示）和铰接转向（如图 2-8 所示）。其中，偏转车轮转向又分为前轮转向、后轮转向、全轮转向。

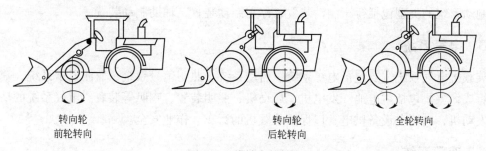

图 2-7　偏转车轮转向

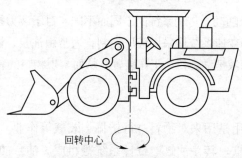

图 2-8　铰接转向

装载机转向的传动形式包括机械式转向、液压助力式转向（常用）、全液压式转向（常用）。

3）液压转向系统组成

液压转向系统由液压油箱、转向泵、转向机、转向油缸及连接管路组成，如图 2-9 所示。其工作原理是转动方向盘时，液压油经转向器被分配到左右转向缸，推动转向油缸活塞运动，实现转向。

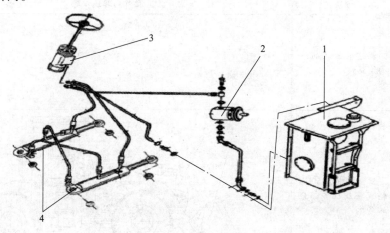

1—液压油箱；2—转向泵；3—转向机；4—转向油缸。

图 2-9　液压转向系统组成

4. 制动系统

用来使行驶或作业的装载机减速甚至停车，使下坡行驶的装载机速度保持稳定，以及使已经停驶的装载机保持不动的一系列专用装置称为制动系统。制动系统对于提高装载机的作业速度和作业生产率，保证人、机的安全起着极其重要的作用。

制动系统的类型包括行车制动装置、停车制动装置、辅助制动装置。

2.1.3　电气系统

装载机电气系统主要包括电源系统、启动系统、照明信号系统、监测显示系统、辅助系统等组成，主要包括蓄电池、发电机、启动机、照明装置、喇叭等装置。电气系统的功用是启动发动机，向用电设备供电，以保证装载机的行车、作业安全。

2.1.4　液压系统

轮式装载机的液压系统随动力传动系统的不同而不同。对于液力机械传动的装载机，其工作装置、转向系统、动力换挡变速系统均采用液压控制，通常由油泵、油缸、分配阀、换向阀、油箱、液压油等组成，通过油液把动力传给工作装置，从而实现物料的装卸、铲掘、搬运等。

2.1.5　工作装置

装载机工作装置的功用是用来对物料进行铲掘、装载等作业。轮式装载机工作装置由油泵、动臂、铲斗、动臂油缸、转斗油缸、杠杆系统等组成。油泵的动力来自发动机。动臂铰接在前车架上，动臂的升降和铲斗的翻转，都是通过相应液压油缸的运动来实现的。

 能力训练项目

对装载机进行观察，完成下表内容。

序号	项目	方法	操作内容或步骤
1	装载机的结构	描述装载机的结构组成	
2	实物认知	写出图中 ZL50CN 轮式装载机各部分的名称	

序号	项目	方法	操作内容或步骤
2	实物认知	写出图中 ZL50CN 轮式装载机各部分的名称	
3	动力传递路线	用方框图画出装载机底盘的动力传递路线	

任务2.2 认知轮式装载机工作装置

 **学习内容**

轮式装载机工作装置的结构、原理。

 **学习目标**

知识目标：熟知装载机工作装置的结构、工作原理和使用范围。

能力目标：会更换工装、斗齿。

素质目标：安全、协调、配合。

轮式装载机的动力源使轮胎行走机构产生推力，由工作装置来完成挖掘、装载、平整、推土、起重及短距离运输作业等，工作装置是装载机的重要组成部分。

装载机工作装置的结构和性能直接影响整机的外形尺寸和性能参数，因此，工作装置的合理性直接影响装载机的生产效率、工作负荷、动力与运动特性、不同工况下的作业效果、工作循环的时间、外形尺寸和发动机功率等。

轮式装载机工作装置由铲斗、连杆、摇臂、转斗油缸、动臂、动臂油缸组成，如图2-10所示。工作装置铰接在前车架上，铲斗用以铲装物料，铲斗通过连杆和摇臂与转斗油缸铰接，使铲斗转动。动臂后端支撑在前车架上，前端与铲斗相连，中部与动臂油缸铰接，动臂和动臂油缸的作用是提升铲斗。铲斗的翻转和动臂的升降采用液压操纵。

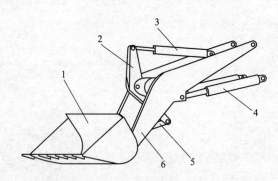

1—铲斗；2—摇臂；3—转斗油缸；4—动臂油缸；5—连杆；6—动臂。

图2-10 轮式装载机工作装置

2.2.1 铲斗

工作装置是装载机的执行机构之一，铲斗是这个执行机构的执行构件，是装载机铲装物料的重要工具，铲斗直接与物料接触，是一个焊接件，由耐磨锰钢钢板弯曲成弧形的斗壁与侧板焊接而成。铲斗主要由斗底、侧板、主斗刃、侧斗刃及斗壁等部分组成，如图 2-11 所示。

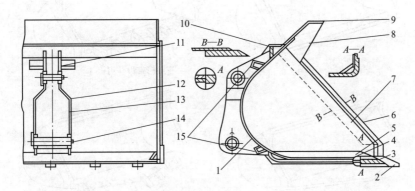

1—斗壁；2—斗齿；3—主刀板；4—底板；5—加强板；6—侧刀板；7—侧板；8—加强板；
9—挡板；10—角钢；11—上支撑板；12—连接板；13—下支撑板；14—销轴；15—限位块。

图 2-11　铲斗的结构

斗壁和侧板组成具有一定容量的斗体，斗壁呈圆弧形，以便装卸物料。由于斗底磨损大，在斗底下面焊有加强板，为了增加斗体的刚度，在斗壁后侧沿长度方向焊接有角钢。在铲斗上方用挡板将斗壁加高，以免铲斗举到高处时，物料从斗壁后侧散落，挡板用加强板来加强刚度。斗底的前端边缘焊有主刀板，侧板上焊有侧刀板。为了减少铲掘阻力和延长主刀板寿命，在主刀板上装有斗齿。在铲斗背面焊有与动臂和连杆连接的支撑板，即上支撑板和下支撑板，为使支撑板与斗壁有较大的连接强度，将上下支撑板之间用连接板焊接连成一体。在上、下至支撑板上各有与动臂和连杆相连接的销孔。

1. 铲斗的类型

铲斗分类，根据装载物料的容重，铲斗有三种类型：正常斗容的铲斗、增加斗容的铲斗、减少斗容的铲斗三种。用于土方工程的装载机，因作业对象较广，因此多采用正常斗容的通用铲斗，以适应铲装不同物料的需要。

2. 铲斗斗刃

铲斗斗刃的形状分为直线形和非直线形两种，如图 2-12 所示。直线形铲斗形式简单，有利于铲平地面，但铲装阻力较大。非直线形铲斗有 V 形和弧形等，由于这种斗刃中间突出，铲斗插入料堆时可使插入力集中作用在斗刃的中间部分，所以插入阻力较小，容易插入料堆，并有利于较少偏载插入，但铲斗装满系数要比直线形铲斗小。斗刃材质是既耐磨又耐冲击的中锰合金钢材料。

3. 斗齿

铲斗斗刃上可以有斗齿，也可以没有斗齿。带斗齿的铲斗插入料堆时，斗齿将先插入料堆，由于其比压大（即单位长度插入力大），所以比不带齿的铲斗易于插入料堆，插入阻力可减少 20% 左右，特别是对料堆比较密实、大块较多的情况，效果尤为显著。因此，一般装载机的铲斗均带斗齿。斗齿数视斗宽而定，斗齿距一般为 150～300 mm，斗齿过密，铲斗的插入阻力增大，并且齿间容易嵌料。长而窄的斗齿要比短而宽的斗齿插入阻力小，但太宽

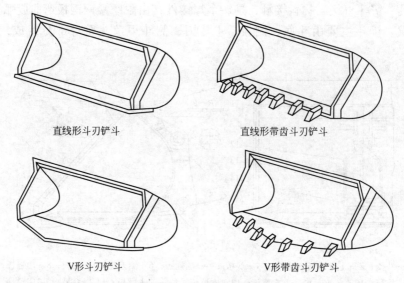

直线形斗刃铲斗　　　　　　　直线形带齿斗刃铲斗

V形斗刃铲斗　　　　　　　　V形带齿斗刃铲斗

图 2-12　铲斗斗刃的形状

又容易损坏，所以齿宽以每厘米载荷不大于 500~600 kg 为宜。

斗齿结构分整体式和分体式两种，中小型装载机多采用整体式，大型装载机由于作业条件恶劣、斗齿磨损严重，常采用分体式。斗齿与主刀板之间用螺栓或销连接，以便在磨损之后随时更换。

4. 铲斗限位装置和铲斗放平机构

为了保证装载机在作业过程中动作准确、安全可靠，在工作装置中常设有铲斗前后倾自动限位装置和铲斗自动放平机构。

1）铲斗限位装置

装载机在进行铲装、卸料作业时，对铲斗的前后倾角有一定要求，因此对其位置要进行限制，常采用限位块限位方式防止事故发生。

2）铲斗放平机构

（1）铲斗自动放平机构。

铲斗自动放平机构由凸轮、导杆、气阀、行程开关、储气筒、转斗油缸控制阀等组成。其功能是使铲斗在任意位置卸载后自动控制铲斗上翻角，保证铲斗降落到地面铲掘位置时铲斗的斗底与地面保持合理的铲掘角度。

（2）指针式放平机构。

若在铲斗处于卸料状态时，将转斗操纵杆向后扳，同时目视转斗油缸上的指针位置，当指针回到指定位置时，再将操纵杆扳回到中位，此时下降动臂，当铲斗接触地面时，斗底和地面相平。

2.2.2　动臂

动臂是装载机工作装置的主要承力构件，动臂形式有曲线形和直线形两种，如图 2-13 所示。曲线形动臂常用于反转连杆机构，其形状容易布置，也容易实现机构优化。直线形动臂结构和形状简单，容易制造，成本低，通常用于正转连杆机构。

动臂的断面有单板式、双板式和箱形三种结构形式。单板式动臂结构简单，工艺性好，制造成本低，但扭转刚度较差，图 2-10 中采用的是单板式动臂。中小型装载机多采用单板式动臂，而大型装载机多采用双板式动臂或箱形动臂，用于加强和提高抗扭刚度。双板式动臂是由两块厚钢板焊接而成的，这种形式的动臂可以把摇臂安装在动臂双板之间，从而使摇臂、连杆、转斗油缸、铲斗与斗壁的铰接点都布置在同一平面上。箱形动臂的强度和刚度较双板式动臂更好，但其结构和加工均较为复杂。

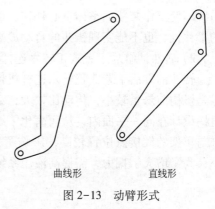

曲线形　　　直线形

图 2-13　动臂形式

2.2.3　连杆

装载机工作时，连杆应保证铲斗的运动接近平移，以免斗内物料撒落。通常要求铲斗在动臂的整个运动过程中（此时铲斗液压缸闭锁）角度变化不超过 15°。动臂无论在任何位置卸料（此时动臂液压缸闭锁），铲斗的卸料角度都不得小于 45°。此外，连杆还应具有良好的动力传递性能，在运转中不与其他机件发生干涉，使驾驶员视野良好，并且有足够的强度和刚度。

按摇臂转向与铲斗转向是否相同，连杆可分为正转连杆和反转连杆，摇臂转向与铲斗转向相同时为正转连杆，摇臂转向与铲斗转向相反时为反转连杆。按工作机构的构件数不同，连杆可分为四杆式连杆、五杆式连杆、六杆式连杆和八杆式连杆等。

反转连杆的铲起力特性适合于铲装地面以上的物料，但不利于地面以下物料的铲掘。由于其结构简单，特别是对于轮式底盘容易布置，因此广泛应用于轮式装载机。

正转连杆机构的铲起力特性适合于地面以下物料的铲掘，对于履带式底盘容易布置，一般用于履带式装载机。

1. 八连杆机构

对于八连杆机构，主要介绍正转八连杆机构，如图 2-14 所示。正转八连杆机构在油缸大腔进油时转斗铲取，所以铲掘力较大；各构件尺寸配置合理时，铲斗具有较好的举升平动性能；连杆系统传动比较大，铲斗能获得较大的卸载角和卸载速度，因此卸载干净、速度快；由于传动比较大，还可适当减小连杆系统尺寸，因而驾驶员视野得到改善。正转八连杆机构的缺点是机构结构较复杂，铲斗自动放平性较差。

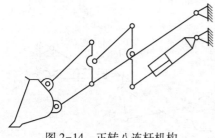

图 2-14　正转八连杆机构

2. 六连杆机构

六连杆机构是目前装载机上应用较为广泛的一种结构，常见的有以下几种形式。

1）转斗油缸前置式正转六连杆机构

转斗油缸前置式正转六连杆机构如图 2-15 所示，它的转斗油缸与铲斗和摇臂直接连接，易于设计成两个平行的四连杆机构，它可使铲斗具有很好的平动性能。同八连杆机构相比，结构简单，驾驶员视野较好。其缺点是转斗时油缸小腔进油，铲掘力相对较小；连杆系统传动比小，使转斗油缸活塞行程大，油缸加长，卸载速度不如八连杆机构；由于转斗油缸前置，使工作装置的整体重心外移，增大了工作装置的前悬量，影响整机的稳定性和行驶时的平移性，也不能实现铲斗的自动放平。

2）转斗油缸后上置式正转六连杆机构

转斗油缸后上置式正转六连杆机构如图 2-16 所示，转斗油缸布置在动臂的上方。其优点是机构前悬量较小，传动比较大，活塞行程较短；有可能将动臂、转斗油缸、摇臂和连杆机构设计在同一平面内，从而简化了结构，改善了动臂和铰销的受力状态。其缺点是转斗油缸与车架的铰接点位置较高，影响了驾驶员的视野，转斗时油缸小腔进油，铲掘力相对较小；为了增大铲掘力，需提高液压系统压力或加大转斗油缸直径，这样质量会增大。

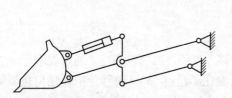
图 2-15   转斗油缸前置式正转六连杆机构

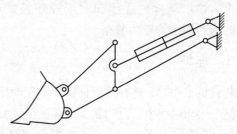
图 2-16   转斗油缸后上置式正转六连杆机构

3）转斗油缸后下置式正转六连杆机构

转斗油缸后下置式正转六连杆机构如图 2-17 所示，转斗油缸布置在动臂下方。它在铲掘收斗作业时，以油缸大腔工作，故能产生较大的铲掘力，但组成工作装置的各构件不易布置在同一平面内，构件受力状态较差。

4）转斗油缸后置式反转六连杆机构

转斗油缸后置式反转六连杆机构如图 2-18 所示。其优点是转斗油缸大腔进油时转斗，并且连杆系统的倍力系数能设计成较大值，所以可获得较大的掘起力；恰当地选择各构件尺寸，不仅能得到良好的铲斗平动性能，而且可以实现铲斗自动放平；结构十分紧凑，前悬量小，驾驶员视野好。其缺点是摇臂和连杆布置在铲斗与前桥之间的狭窄空间，各构件容易发生干涉。

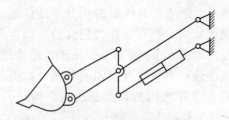
图 2-17   转斗油缸后下置式正转六连杆机构

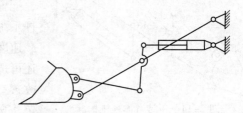
图 2-18   转斗油缸后置式反转六连杆机构

5）转斗油缸前置式反转六连杆机构

转斗油缸前置式反转六连杆机构如图 2-19 所示，产掘时靠小腔进油作用，这种机构现已经很少采用。

3. 四连杆机构

四连杆机构主要介绍正转四连杆机构，如图 2-20 所示，它是连杆机构中最简单的一种，它容易保证四杆机构实现铲斗举升平动，前悬量较小。其缺点是转斗时油缸小腔进

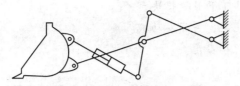

图 2-19 转斗油缸前置式反转六连杆机构

油,油缸输出力较小,又因连杆系统倍力系数难以设计出较大值,所以转斗油缸活塞行程大,油缸尺寸大。此外,在卸载时活塞杆易与斗底相碰,所以卸载角小。为避免碰撞,需要把斗底制造成凹形,这样既减小了斗容,又增加了制造困难,而且铲斗也不能实现自动放平。

4. 五连杆机构

五连杆机构主要介绍正转五连杆机构。为克服正转四连杆机构卸载时活塞杆易与斗底相碰的缺点,在活塞杆与铲斗之间增加一根短连杆,从而使正转四连杆机构变为正转五连杆机构,如图 2-21 所示。当铲斗反转铲取物料时,短连杆与活塞杆在油缸拉力和铲斗重力作业下成一直线,如同一杆;当铲斗卸载时,短连杆能相对活塞杆转动,避免了活塞杆与斗底相碰。

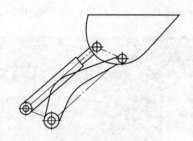 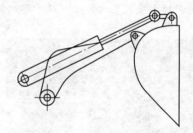

图 2-20 正转四连杆机构 　　　　　　　图 2-21 正转五连杆机构

 能力训练项目

1. 检查和更换铲斗切削刃

铲斗掉落会造成人员伤亡,更换铲斗切削刃(如图 2-22 所示)之前要垫好铲斗。

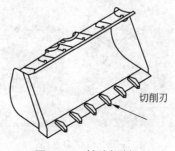

切削刃

图 2-22 铲斗切削刃

检查切削刃和刀角有无磨损和损坏,如有必要用下列步骤来保养切削刃和刀角。

（1）抬起铲斗，在铲斗下面放置垫块。

（2）将铲斗降到垫块儿上，关闭发动机。

（3）拆卸螺栓、切削刃和刀角。

（4）清理所有接触面。

（5）如果切削刃的反面未磨损，可使用切削刃的反面，刀角是不能翻转的。如果两面均已磨损，则更换新的切削刃。

（6）将螺栓拧紧至规定扭矩，启动发动机。

（7）举起铲斗，取出垫块，将铲斗降到地面。

（8）工作几小时后检查螺栓扭矩是否适当。

2. 更换铲斗斗齿

检查铲斗斗齿，如有磨损或损坏迹象，则用下列步骤更换铲斗斗齿。

（1）在铲斗下放置垫块。

（2）将铲斗平放在垫块上。铲斗的垫块高度不超过更换斗齿所需要的高度，将发动机熄火。

（3）从斗齿的卡环侧面将销拆出，然后拆下齿套和卡环，如图2-23所示。

（4）清理齿体、销和卡环（如图2-24所示），将卡环安装在齿体侧面的槽上。

（5）将新齿套安装在齿体上。从卡环的侧面将销打入卡环、齿体和齿套内，如图2-25所示。

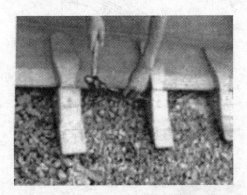
图2-23　拆下销、齿套、卡环

图2-24　清理齿体、卡环、销

图2-25　安装新齿套

任务2.3 运用装载机操作机构

 **学习内容**

ZL50CN 轮式装载机操作机构的运用。

 **学习目标**

知识目标：知道操作机构的功用和使用方法。

能力目标：会使用操作机构。

素质目标：协调配合、文明操作。

ZL50CN 轮式装载机操作机构安装在驾驶员座椅的右侧，用来控制工作装置进行施工作业，如图 2-26 所示。内侧的铲斗操作杆用来控制铲斗的运动，外侧的动臂操纵杆用来控制动臂的运动，这两个操纵杆在自然状态为保持位置，也就是中位。

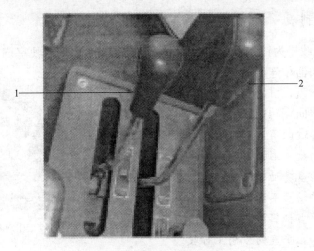

1—铲斗操纵杆；2—动臂操纵杆。

图 2-26 装载机操纵机构

2.3.1 铲斗的转动控制

铲斗卸料：向前推动铲斗操纵杆，可实现铲斗向前翻转动作。

铲斗保持：松开铲斗操纵杆，铲斗会保持在现有位置不动。

铲斗收斗：向后拉动铲斗操纵杆，铲斗实现向后翻转，即收斗。

图2-27　铲斗放平
指示装置

铲斗放平限位指示（指针式）：若在铲斗处于卸料状态时，将转斗操纵杆向后扳动，同时注视转斗油缸上的指针位置，当指针回到指定位置时，再将操纵杆扳回到中位。此时，下降动臂当铲斗接触地面时，斗底将和地面相平，如图2-27所示。

2.3.2　动臂的升降控制

动臂的下降：向前推动动臂操纵杆，动臂下降。当松开动臂操纵杆时，它将回到保持位置。

动臂的浮动：动臂操纵杆推至卡销位置，此时动臂处于浮动状态。在进行刮平或铲装作业时，将操作杆推至浮动位置，则铲斗将随着地面的起伏而起伏，从而避免了对路面的破坏。在操纵动臂下降时，可将操纵杆推至浮动位置，则动臂在自重的作用下下降。此时，司机的右手可以进行其他操作，从而提高工作效率。要解除动臂浮动状态，将动臂操纵杆拉回保持位置即可。

动臂的保持：动臂操纵杆往后拉或往前推的过程中，驾驶员松开手，动臂操纵杆将自动弹回中位，动臂将保持在现有位置。

动臂的提升：将动臂操纵杆向后拉，则动臂往上提升。

动臂的提升限位：将动臂操纵杆向后拉至极限位置时，动臂操纵杆会保持在极后位置（松手后操纵杆不会弹回中位）；动臂到达上升的限位位置时，动臂限位开关动作，动臂操纵杆自动弹回中位，动臂不再举升。

2.3.3　方向盘控制

ZL50CN轮式装载机为铰接式全液压动力转向，方向盘在驾驶室内，如图2-28所示。方向盘和全液压转向器相连。在机器正常工作时，沿顺时针方向转动方向盘，机器向右转向；沿逆时针方向转动方向盘，机器向左转向。

注意： 方向盘转过的角度和机器转向的角度并不相等，连续转动方向盘，则机器转向角度加大，直至所需转向位置；方向盘转动的速度越快，则机器转向速度越快；方向盘转动后不会自动回位，机器的转向角度保持不变。因此当机器转向完成后，应当反向转动方向盘，以使机器在平直的方向上行驶。

图2-28　ZL50CN轮式装载机方向盘

2.3.4　喇叭开关

喇叭开关有两个，一个在方向盘的中央，一个在转向组合开关的尾端，如图2-29所示。两个开关的作用是一样的，任意按其中的一个喇叭开关都会发出声响，使用哪一个由驾驶员来决定。

图 2-29　喇叭开关

2.3.5　变速操纵杆

变速操纵杆在方向盘的左下方，如图 2-30 所示。向前拨动变速操纵杆，可以实现前进一挡（操纵杆在"Ⅰ"的位置）、前进二挡（操纵杆在"Ⅱ"的位置），向后拨动变速操纵杆，可以实现空挡和倒挡。

操纵手柄

图 2-30　装载机变速操纵杆

2.3.6　行车制动踏板

行车制动踏板位于驾驶员座椅的左前方，如图 2-31 所示。ZL50CN 轮式装载机的行车制动系统为单管路钳盘式制动系统。踩下行车制动踏板，前后驱动桥轮边制动器实施制动。同时接通制动灯开关，制动灯亮。松开行车制动踏板，即可释放行车制动器。

制动踏板

图 2-31　行车制动踏板

2.3.7　油门踏板

油门踏板位于驾驶员座椅的右前方,如图 2-32 所示。在自然位置时发动机处于怠速状态。踩下油门踏板则增加柴油机的燃油供应量,提高柴油机的功率输出。

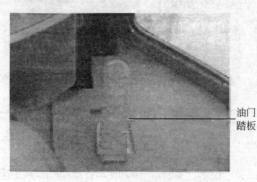

油门
踏板

图 2-32　油门踏板位置

ZL50CN 轮式装载机的发动机熄火是通过启动开关"O"位实现的。在发动机运转时,将启动开关的启动钥匙逆时针转动一格,到达启动开关的"O"位,发动机熄火。

2.3.8　驻车制动按钮

驻车制动按钮安装在工作装置操纵杆座前面,位于油门踏板右侧,如图 2-33 所示。向上拔起按钮时,驻车制动器闭合,实施制动;向下压下按钮时,驻车制动起解除制动。

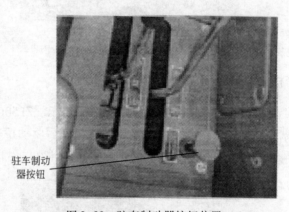

驻车制动
器按钮

图 2-33　驻车制动器按钮位置

驻车制动器也用作紧急制动器。装载机工作时,如果出现紧急情况,手动拔起驻车制动器按钮,即可实现实施紧急制动。当行车制动系统出现故障,行车制动回路气压低于0.28 MPa时,驻车制动器自动实施制动,装载机紧急停车,以确保行车安全。

2.3.9　中央功能面板

装载机的绝大部分监控仪表和报警、转向指示系统集成在方向盘下的仪表系统中,另外工作小时计安装在座椅右侧的控制箱盖板上。仪表系统对变速油温、冷却水温、变速油压、发动机油压、电源电压、停车制动低压报警、行车制动低压报警、整机工作小时计、左右转向灯等项目进行显示。

ZL50CN 轮式装载机中央功能面板包括 4 个指针式仪表，以及状态指示灯、报警指示灯等，如图 2-34 所示。

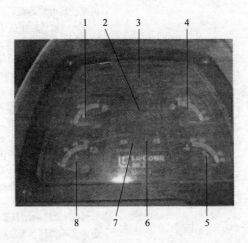

1—燃油油位表；2—组合指示灯；3—转向及报警指示灯；4—变矩器油温表；
5—发动机水温表；6—报警消音指示灯；7—电源指示灯；8—电压表。

图 2-34 ZL50CN 轮式装载机中央功能面板

ZL50CN 轮式装载机中央功能面板指针式仪表，状态指示灯、报警指示灯等的符号和含义见表 2-1。

表 2-1 指针式仪表、状态指示灯、报警指示灯等的符号和含义

序号	名称	符号	含义
1	燃油油位表		燃油油位表指示燃油箱的燃油油位。仪表指示到"1"时油位最高，仪表指示到"0"时油位最低，指示低于"0.2"时，请及时加油
2	组合指示灯		前大灯远光指示灯：当蓝色指示灯亮时，表示前大灯工作在远光状态。 集中润滑工作指示灯：当绿色指示灯亮时，表示集中润滑系统正在工作。 ⑤启动指示灯：当黄色指示灯点亮时，表示起动马达处于起动状态。 动力切断指示灯：当黄色指示灯亮时，表明机器目前处于动力切断状态（刹车脱挡功能）；动力切断指示灯熄灭表示机器目前处于动力不切断状态。 集中润滑故障指示灯：当红色指示灯闪烁报警时，表示自动润滑系统有故障

续表

序号	名称	符号	含义
3	转向及报警指示灯组	⬅ ⊩⬦⊣ ◔ (!) (P) ◔ ▣↓ ➡	左转向指示灯：机器向左转向时，左转向指示灯闪亮，同时机器前、后左转向灯也同时闪亮。 右转向指示灯：机器向右转向时，右转向指示灯闪亮，同时机器前、后右转向灯也同时闪亮。 驱动桥油压低压报警指示灯：当驱动桥油压过低时，红色的驱动桥油压低压报警指示灯闪烁报警，此时应立即停机查明原因。 机油压力报警指示灯：当发动机机油压力过低时，红色的机油压力报警指示灯点亮，同时蜂鸣器鸣叫报警。此时，应立即停机查明故障原因。 行车制动低压报警灯：红色的行车制动低压报警灯点亮，表示行车制动液压油压力过低。此时，应立即停机查明故障原因。 紧急制动低压报警灯：红色的紧急制动低压报警灯点亮，表示紧急制动液压油压力过低。此时，应立即停机查明故障原因。 变速油压报警灯：当变速箱油压过低时，红色的变速油压报警灯闪烁。此时，应立即停机查明故障原因。 液压油污报警指示灯：红色的液压油污报警指示灯亮时，表示液压油箱回油滤芯受污染程度严重，需要更换回油滤芯
4	变矩器油温表	⚙	变矩器油温表指示变矩器工作温度。黄色区域范围是偏低的温度，绿色区域范围是正常的温度，红色区域范围是过高的温度
5	发动机水温表	🌡	发动机水温表指示发动机冷却水温度。黄色区域范围是偏低的温度，绿色区域范围是正常的温度，红色区域范围是过高的温度
6	报警消音指示灯	⊘	按下蜂鸣器报警消音开关，报警消音指示灯点亮，表明机器处于报警消音状态。再按下蜂鸣器报警消音开关，报警消音指示灯熄灭，表明取消报警消音功能。 在行车和作业时，要保持报警消音指示灯处于熄灭状态
7	电源指示灯		当仪表系统有电时，仪表总电源红色指示灯亮
8	电压表	⊟	电压表指示整机的电源电压状态，正常的电源电压范围是 24~28 V

2.3.10 转向组合开关

转向组合开关如图 2-35 所示。

1. 转向灯开关

机器左转向行驶时，将转向灯开关向上拨动（如图 2-36 中的箭头方向），左前组合灯和左后组合灯中的左转向灯点亮，同时仪表板上的左转向指示灯点亮。机器右转向行驶时，将转向灯开关向下拨动（如图 2-36 中的箭头方向），右前组合灯和右后组合灯中的右转向灯点亮，同时仪表板上的右转向指示灯点亮。

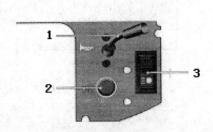

1—转向灯开关；2—蜂鸣器静音开关；3—前大灯开关。

图 2-35 转向组合开关

图 2-36 转向灯开关

2. 蜂鸣器静音开关

按下蜂鸣器静音开关，蜂鸣器停止报警，同时报警消音指示灯亮；再按一次蜂鸣器静音开关，则蜂鸣器恢复报警，报警消音指示灯灭。

当转向系统故障指示灯、机油压力报警指示灯、紧急制动低压报警指示灯、行车制动低压报警指示灯中任一个指示灯点亮时，蜂鸣器鸣叫报警，此时需要停机检查，待故障排除后再继续工作。

注意：在正常工作或行车中不要接通蜂鸣器静音开关而使报警蜂鸣器处于静音状态，否则会屏蔽故障现象，会有安全隐患。

3. 前大灯开关

前大灯开关控制前车架上的两个大灯同时亮或灭。前大灯开关有三个挡位：远光、关、近光。

闭合前大灯开关在近光挡，左、右前组合灯中的前大灯近光开启照明。闭合前大灯开关在远光挡，左、右前组合灯中的前大灯远光开启照明。

2.3.11 前左侧功能面板

前左侧功能面板如图 2-37 所示。

1. 空调吹风口

开启空调系统后，由此吹风口送出冷风、暖风或自然风，可根据需要自行调节出风口的方向。

2. 空调控制面板

1）风量开关

风量开关如图 2-38 所示。风量开关有高挡位（H）、中挡位（M）、低挡位（L）三挡风量，当转到"OFF"位置时关闭风扇。风量开关也是空调系统的电源开关。在发动机系统工作的状态下，将风量开关转到三挡风量中的任何一个挡位，空调开启。将风量开关转到"OFF"位置时，空调关闭。

1—空调出风口；2—空调控制面板。

图2-37　前左侧功能面板

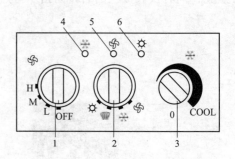

1—风量开关；2—转换开关；3—温控开关；
4—冷风指示灯；5—风扇指示灯；6—暖风指示灯。

图2-38　风量开关

2）转换开关

转换开关有暖风、除霜、冷风、风扇四个挡位。

暖风挡位：将转换开关旋转到该挡位时，开关上部的暖风指示灯亮，表示空调系统进入制热模式。

除霜挡位：将转换开关旋转到该挡位时，开关上部的冷风指示灯和暖风指示灯亮，表示空调系统进入除霜模式。

冷风挡位：将转换开关旋转到该挡位时，开关上部的冷风指示灯亮，表示空调系统进入制冷模式。

风扇挡位：将转换开关旋转到该挡位时，开关上部的风扇指示灯亮，表示空调系统进入风扇模式。

3）温控开关

顺时针旋转温控开关时，设定温度逐步降低；逆时针旋转温控开关时，设定温度逐步升高。

3. 制冷功能操作

（1）发动机启动后，将风量开关调至合适的风量挡位。

（2）将转换开关旋至冷风挡，此时开关上部的冷风指示灯亮，表示空调系统进入制冷模式，冷风开始从风口送出。

（3）可调节温控开关的位置来调节冷风的温度。

4. 制热功能操作

（1）在发动机起动前，需要将发动机的取水口和回水口上的手动暖水阀置于接通位置（暖水阀的手柄与水管管路走向一致）。如图2-39所示。

（2）发动机起动后，将风量开关调至合适的风量位置。

（3）将转换开关旋至暖风挡，此时开关上部的暖风指示灯亮，表示空调系统进入制热模

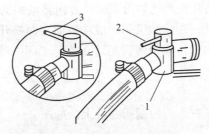

1—手动暖水阀；2—暖水阀接通位；3—暖水阀关闭位。

图2-39 制热功能操作

式，暖风开始从风口送出。

（4）可调节温控开关的位置来调节冷风的温度。

5. 自然风操作

（1）发动机起动后，将风量开关调至合适的风量位置。

（2）将转换开关旋至风扇挡位，此时开关上部的风扇指示灯亮，表示空调系统进入风扇模式，自然风开始从风口送出。

（3）可通过调节风量开关的位置来调节自然风的强弱。

2.3.12 前右侧功能面板

前右侧功能面板如图2-40所示。

起动开关位于驾驶室，沿顺时针方向可分为四个挡位，如图2-41所示

（1）辅助：插入起动开关钥匙后沿逆时针方向转动到的第一个挡位，该挡位是自动复位的（松手后会自动回转到"OFF"挡）。该挡位目前没有使用。

（2）OFF——在这个挡位时，发动机油路被切断而熄火，整机的电源控制电路被切断，其他用电设备的电路均被切断。

注意：只有在"OFF"这个挡位才可以插入或拔出起动开关钥匙！

1—起动开关

图2-40 前右侧功能面板

图2-41 起动开关

（3）ON——插入起动开关钥匙后沿顺时针方向转动到的第一个挡位。在此挡位时，整车电器系统得电而正常工作。

（4）START——插入起动开关钥匙后沿顺时针方向转动到的第二个挡位。在此挡位起动电机得电工作从而起动发动机，在发动机起动成功后请立即松开起动开关钥匙，该挡位不能自保持，松手后起动开关钥匙即自动回转到起动开关的"ON"挡位。

2.3.13　右侧功能面板

右侧功能面板安装在座椅右侧的控制箱盖板上，如图2-42所示。

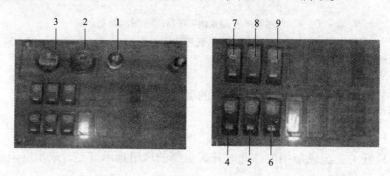

1—点烟器；2—计时表；3—制动气压表；4—小灯开关；5—工作灯开关；
6—后大灯开关；7—驻车灯开关；8—前窗刮水器开关；9—洗涤器开关。

图2-42　右侧功能面板

1. 点烟器

按下点烟器，点烟器开始通电加热，加热完毕后，点烟器会自动断电并弹起，此时可以拔出点烟器点烟。点烟器的插座可作为直流24 V的电源接口，最大供电电流为10 A。

2. 计时表

计时表指示整机的工作时间，以小时为单位。小时计的计时范围为0~9 999.99 h。当操作人员打开起动开关（电锁），仪表总成得电工作时，计时表开始累积计时，液晶显示数值是机器累积工作小时数。计时表记录的数值可以用来确定机器的维修周期。

3. 制动气压表

制动气压表指示制动系统压力。绿色区域范围是正常的工作压力范围，红色区域范围是不正常的压力范围。

4. 小灯开关

小灯开关控制前、后四个小灯同时亮或灭。

5. 工作灯开关

工作灯开关控制驾驶室顶上的两个工作灯同时亮或灭。

6. 后大灯开关

后大灯开关控制左、右后大灯同时亮或灭。

7. 驻车灯开关

闭合驻车灯开关后，前、后转向灯（四个）同时闪亮，在危急状态紧急停车时起警示作用。

8. 前窗刮水器开关

前窗刮水器开关有三个挡位：停止、低速、高速。刮水器在停止时可自动复位。

9. 洗涤器开关

按下洗涤器开关，洗涤器工作，将水壶中的水喷射到前窗玻璃上，松手后洗涤器开关自动复位，洗涤器停止喷水。洗涤器水壶在司机座椅的右后方。

2.3.14　转向架锁紧装置

转向架锁紧装置位于机器的左侧，如图 2-43 所示。

1—销；2—转向架锁。

图 2-43　转向架锁紧装置

当吊装和运输机器时要连接转向架锁紧装置，在铰接点附近进行保养工作时也要连接转向架锁紧装置。在操作机器前将转向架锁紧装置分开，将转向架锁紧装置移到后车架上并装上销子。

2.3.15　蓄电池负极开关

蓄电池负极开关安装在发动机罩左侧，打开左侧机罩就可以看见，如图 2-44 所示。

在起动装载机之前，必须要把蓄电池负极开关的手柄沿顺时针方向转到接通状态。当负极开关处于接通状态时，开关的手柄指向开关面板的"Ⅰ"位置，如图 2-45 所示。

图 2-44　蓄电池负极开关位置

"Ⅰ"位置　　　　　"O"位置

图 2-45　蓄电池负极开关通断位置

要关断整车电气系统的电源需要将蓄电池负极开关手柄沿逆时针方向转换到关断状态。蓄电池负极开关处于关断状态时，开关的手柄指向"O"位置，如图 2-45 所示。

能力训练项目

巡回检查包括以下内容。

（1）检查发动机室。从发动机室中清除堆积的碎屑杂物。清除散热器上积聚的碎屑杂物。

（2）检查发动机有无任何可察觉到的零件损坏。

（3）检查驱动桥、差速器、轮边制动器和变速器有无泄漏。修理好泄漏点。

（4）检查液压油箱，所有软管和所有硬管有无泄漏。同时检查所有密封件、接头和油嘴有无泄漏。必要时修理好泄漏点以及更换软管。

（5）检查所有工作装置和连杆有无磨损和损坏。

（6）确保所有检修门、检修盖和护板均牢固，检查检修门、检修盖和护板有无损坏。

（7）检查踏梯、走道和扶手。清除一切碎屑。修理任何损坏处或更换损坏的零件。

（8）检查空调蒸发器的出风口和进风口应没有棉纱、废纸、塑料薄膜等容易堵塞进风口的杂物。

（9）检查翻滚防护结构（ROPS）有无看得见的损坏，如有损坏，请与装载机代理机构联系修理。

（10）检查所有照明灯。更换破碎的灯泡和灯玻璃。

（11）检查驾驶室。保持驾驶室内清洁。

（12）检查仪表盘上的仪表和指示灯有无破碎。更换破碎的零件。

（13）检查座椅安全带、搭扣和安装紧固件。更换磨损或损坏的零件。

（14）调整后视镜，检查车窗。确保驾驶员的视野不受任何影响，必要时清洗车窗。

项目3　装载机液压系统结构与原理

项目引领

　　某装载机工作时转向、制动、行走均正常，但无论操作动臂先导操纵手柄还是铲斗先导操纵手柄，其动臂和铲斗均无动作，初步分析可能是其工作装置液压系统出现故障，经检查确定是装载机工作装置液压系统中的充液阀（制动阀内）所致。故障原因是该型号装载机液压系统具有制动优先的供油特性，而充液阀始终卡滞在向制动系统供油一侧，从而导致工作装置各种动作都无法实现。所以排除装载机故障离不开装载机液压系统各部分的结构、原理的知识。为了更好地操作维护维修装载机，本项目的学习内容就是熟悉工作装置液压操作系统、全液压转向系统、全液压制动系统、变矩变速液压系统组成原理。

任务 3.1　工作装置液压操作系统

 **学习内容**

装载机液压系统的结构原理。

 **学习目标**

知识目标：熟悉装载机液压操作系统的结构与原理，识读装载机各液压系统液压图，分析各相关液压阀作用及原理。

能力目标：能认知装载机液压操作系统各组成部件，能拆装关键部件并能分析其结构原理。

素质目标：交流合作的工作能力、认真仔细的工作作风。

3.1.1　装载机液压传动基础

1. 液体传动类型

以液体为介质的传动主要有液力传动和液压传动两大类，现代装载机两种类型都予以采用。

液力传动是依靠液体的动能及其转换来实现力和运动传递的一种传动方式，如离心式水泵、水力发电的水轮机、液力耦合器及装载机的液力变矩器，均是采用的液力传动方式。

静液压传动是利用密封容积中液体的静压力来传递动力的一种传递方式，人们通常所说的液压传动就是采用的这种方式，如液压千斤顶等。

液压传动应用了液体的两个重要特性：一是假定液体不可压缩；二是加在密用液体上的压强，能够大小不变由液体向各个方向传递（帕斯卡定律）。

2. 液压传动特点

1）液压传动的主要优点

（1）可方便地实现无级调速，调速范围大，调速比可达 400∶1。

（2）在输出相同功率的条件下，液压传动装置体积小，重量轻，结构紧凑，承载力大；响应快，换向频率高，换向平稳。

（3）易于实现自动化，特别是采用电液或气液联合传动时，可实现复杂的自动控制过程，可以遥控。

（4）借助管路连接可以方便合理地布置传动机构。

（5）易于实现过载保护；同时由于以油液为工作介质，其相对运动表面具有自润滑能力，所以运动副磨损小，寿命长。

2）液压传动的主要缺点

（1）因液压系统存在压力损失及油液泄漏，致使传动效率较低。油液泄漏会造成环境污染。

（2）液压系统出现故障不易检查，难以迅速及时排除。

（3）液压元件要求制造工艺水平高，价格较高；操作及维修需要较高的技术水平。

（4）油温及负载的变化往往影响液压系统工作的平稳性。

（5）对污染敏感，油液污染是造成液压设备发生故障的主要原因。

3）液压传动的两个重要概念

（1）液压传动中的工作压力取决于外界的负载，而与流入的液体多少无关，即负载决定压力。

（2）液压传动中的执行元件的运动速度取决于液压系统中的流量。

流量是指单位时间内流过某一截面的体积。液压系统中的压力和流量是液压传动中的两个最重要的概念，二者的乘积就是功率。这两个概念在分析液压元件及其工作原理、判断液压系统故障时常用到。

3. 装载机液压传动系统的组成

（1）作业液压系统，通过动臂油缸和铲斗油缸驱动工作装置完成作业动作。

（2）转向液压系统，通过转向油缸驱动前后机架铰接转向。

（3）制动系统，通过驱动位于前后桥的四个制动器来保证整机可靠制动，一般采用气顶油助力制动和采用全液压制动两种类型。

（4）动力换挡变速箱操纵液压系统。

4. 装载机液压系统油路分析

1）工作液压油路分析

$$油箱\to工作装置供油泵\to\begin{cases}动臂油缸控制阀\to动臂油缸\to油箱\\铲斗油缸控制阀\to铲斗油缸\to油箱\end{cases}$$

2）转向液压油路分析

$$油箱\to转向泵\to转向阀\to转向油缸\to油箱$$

3）制动液压油路分析

（1）气顶油式制动系统：空气压缩机→油水分离器组合阀→储气罐→制动阀→前后加力器→制动器

（2）全液压制动系统：转向泵（制动泵）→蓄能器→制动阀→制动器

4）动力换挡变速箱液压操纵系统油路分析

$$油箱\to变速泵\to\begin{cases}变速操纵部分\\变矩器\end{cases}$$

3.1.2 机械操纵工作液压系统

1. 机械操纵工作液压系统组成及工作原理

成工 ZL50 装载机机械操纵工作液压系统主要由齿轮泵、多路阀、举升油缸、翻斗油缸、油箱、滤油器等组成，如图 3-1 所示。

如图 3-2 所示，当多路阀阀杆处于中位时，齿轮泵不带负载工作，即齿轮泵由油箱吸

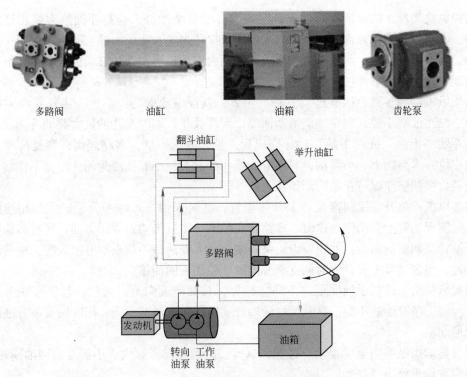

图 3-1 机械操纵工作液压系统组成

油，油液经多路阀中位油道直接与回油腔相通，经回油管、回油滤油器回油箱，供下次循环。这时，多路阀油缸口均为封闭状态，与进回油口均不通。

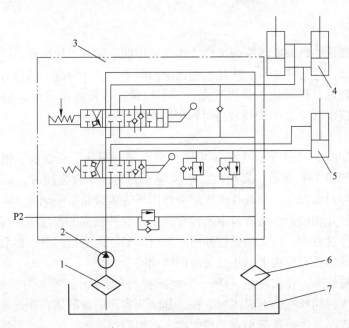

1—滤油器；2—油泵；3—多路阀；4—举升油缸；5—翻斗油缸；6—滤油器；

7—油箱（P2-系统有合流时则有此油路，无合流时则无此油路）。

图 3-2 机械操纵工作液压系统原理

将操纵机构翻斗联手柄推至"上翻"位置，油泵来油进入与翻斗油缸大腔相连的多路阀油口，实现收斗动作。这时，多路阀大腔油口接泵来油，为压力油，同时多路阀小腔油口通回油。其油液流向为：油箱→齿轮泵→多路阀大腔油口→翻斗油缸大腔，翻斗油缸活塞外伸，实现收斗；同时翻斗油缸小腔油液回油箱。

将操纵机构翻斗联手柄推至"下翻"位置，其油液流向为：油箱→齿轮泵→多路阀小腔油口→翻斗油缸小腔，翻斗油缸活塞回缩，实现放斗；同时翻斗油缸大腔油液回油箱。

翻斗联"上翻"或"下翻"动作完成后，松开操纵手柄，多路阀阀杆在复位弹簧的作用下回中位，多路阀大、小腔油口与相应的翻斗油缸大、小腔油液为闭死油，工作装置机构形成自锁，可使铲斗保持在某一动作状态。

将操纵机构举升联手柄推至"上升"位置，油泵来油进入与举升油缸大腔相连的多路阀油口，实现动臂上升动作。这时，多路阀大腔油口接泵来油，为压力油，同时多路阀小腔油口回油。其油液流向为：油箱→齿轮泵→多路阀大腔油口→两支举升缸大腔，举升油缸活塞杆外伸，实现动臂上升；同时两支举升油缸小腔油液回油箱。

将操纵机构举升联手柄推至"下降"位置，其油液流向为：油箱→齿轮泵→多路阀小腔油口→两支举升油缸小腔，举升油缸活塞杆缩回，实现动臂下降；同时两支举升油缸大腔油液流回油箱。

继续推动操纵手柄至"浮动"位置，这时多路阀将动臂缸大、小腔与进回油同时接通，工作装置靠自重处于"浮动"状态。

在翻斗联或举升联工作过程中，如果瞬间负载超过液压系统调定压力，则多路阀主安全阀开启卸荷，保护系统。

2. 机械操纵工作液压系统各元件介绍

1）齿轮泵

（1）齿轮泵的作用。

齿轮泵将柴油机的机械能转换为工作液体的液压能。装载机机械操纵工作液压系统一般采用外啮合齿轮泵，它与柱塞泵、叶片泵相比结构简单、工作可靠、维修方便，对液压油的清洁度要求相对较低，但齿轮泵噪声较大，效率较低。齿轮泵排量根据装载机系统要求而定，一般采用左旋泵（从泵的轴端看逆时针方向旋转）。

（2）齿轮泵的工作原理。

齿轮泵结构如图3-3所示，齿轮泵主要由前泵盖、泵体、后泵盖、侧板、轴承、鞍形密封环等组成。如图3-4所示，发动机带动齿轮泵旋转，啮合齿脱开，泵体吸油腔容积增大，两齿轮间局部形成真空，油液在大气压力作用下进入齿轮泵吸油腔，两齿轮间的油液由于齿轮的连续旋转互相啮合，将油液由出油口排出，在外载荷的作用下形成压力油。

齿轮泵在工作过程中，液压油通过轴向间隙流入轴承内进行润滑，然后流至密封环的小端，经前后泵盖的油孔和侧板上的油孔又流回吸油腔。

两齿轮啮合旋转时，在出油腔一端，当第二对齿开始啮合而第一对齿尚未脱开啮合时，齿槽内的油液处于封闭状态，形成闭死容积，其闭死容积的油液随容积逐渐缩小，易产生因高压引起的油温增高，轴承负荷加重，增大功率损失和加速零件磨损。当齿轮连续运转，闭死容积又逐渐增大，局部形成真空，使油液中所含的空气分离产生气泡，带入吸油腔引起吸空和噪声等现象，因此在侧板上高压区加工卸荷槽来消除。为使泵更好地工作及降低噪声，除卸荷槽外还在侧板高压区设有两条三角槽，以降低泵的噪声和消除气蚀。

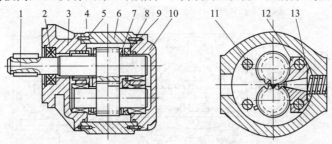

1—主动齿轮轴；2—骨架油封；3—前泵盖；4—轴承；5—定位销；6—泵体；7—侧板；
8—垫板；9—支承套；10—后泵盖；11—螺栓；12—径向密封块；13—鞍形密封环。

图 3-3　齿轮泵结构

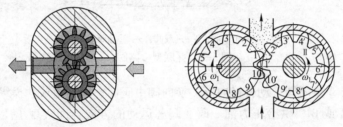

图 3-4　齿轮泵工作示意

在主动齿轮的两端装有密封环，其在液压油的作用下，将密封环大端的端面紧贴在前后泵盖的环形平面上，形成密封，减少泵的内泄漏，保持油压，提高泵的容积效率。通过密封环内孔和主动齿轮轴间外流的油液，由于阻尼孔的作用产生较大的压力降，减少了泄漏量和轴向力，在泵体和泵盖接合处装有 O 形密封环以防止外漏，轴承处装有密封环以防内漏，并用挡环限制油封轴向移动，保证泵正常工作。

2）多路阀

发动机输出的力矩和转速直接传递到油泵，油泵工作时通过滤油器从油箱吸入工作油液，经管道输入多路阀（如图 3-5 所示），当多路阀阀芯处于中立位置时，油泵不带负载工作。即油泵供给的油液，经高压管道到多路阀，流经低压回油管道后流回油箱，供下次使用。

图 3-5　多路阀

根据工作装置的动作需要，可操纵多路阀，将压力油输送到提升油缸或转斗油缸。不需要工作机构动作时，放松操纵手柄，操纵杆自动返回中间位置（中立位置）关闭油路，多路阀进、出油口均关闭，管路至油缸大、小腔的油液为闭死油，工作装置机构形成自锁。继续操纵多路阀使油缸（活塞）行程到终点或这一过程中由于负载增加，使系统压力升高超过调定压力时，安全阀开启、系统卸荷，使油液经阀体返回油箱。

多路阀可以控制油液的方向、流量的大小、系统的压力。多路阀一般有进油阀体、换向阀体、回油阀体三部分组成，用连接螺栓将它们组装在一起。

如图 3-6 所示，进油阀上有进油口 P，回油口 O，在进、回油道间装有安全阀，用以调整系统的工作压力，对系统起安全保护作用。

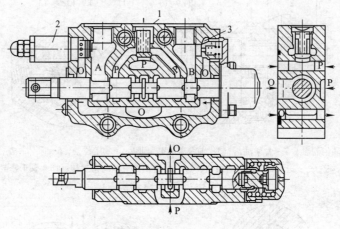

1—单向阀；2—过载阀；3—补油阀。

图 3-6　并联型多路阀

　　换向阀包括转斗换向阀、动臂换向阀。换向阀由阀体、阀芯组成，操纵阀芯向左或右动作，即实现了向 A 或 B 口供给压力油。改变阀芯运动的方向，即实现了压力油路和回油路的交换。

　　回油道 O 布置在阀体两端，以克服阀芯处液压油外漏。为了防止工作油口的油液倒流，将系统中的冲击压力反馈到油泵，在每一换向阀体里都装有单向阀。根据主机对液压系统的要求，可在工作油口与回油道之间装设过载阀或补油阀。每一换向阀体上有两个工作油口（A 和 B），与执行机构油缸连接。阀体间的密封采用一个大 O 形密封圈，高压区和低压区靠环形金属面贴合密封，O 形圈只承受低压，防止外漏。

　　多路阀由 P 口到 A 口，由 P 口到 B 口均装有进油单向阀，可防止油液倒流以及系统中的冲击载荷反馈到油泵，克服了"点头"现象。

　　（1）安全阀。

　　进油阀上有安全阀，主要作用是用以调整系统压力，保证液压系统压力恒定和限制系统中压力最高。安全阀损坏影响整个工作系统的性能，在装载机工作系统中是比较容易发生故障的部位。

　　安全阀（如图 3-7 所示）工作原理：锥阀在弱弹簧及油压的作用下压紧在阀套上，阀套压紧在阀体上，将工作油腔或进油腔 A 与回油腔 O 隔开。当 A 腔油压超过过载阀调整定压力时，提动阀开启，油液流经滑阀的中心孔，因中心孔阻力作用使 a 腔油压低于 A 腔油压，滑阀在压差作用下向右移动直到与提动阀靠紧，A 腔油压对滑阀的作用传递给提动阀，提动阀进一步打开；另外，由于滑阀中心孔被堵死，油液只能经滑阀与锥阀间的间隙流动。此间隙阻力远远大于滑阀中心孔阻力，因此 a 腔油压迅速降低，锥阀便在 A 与 a 腔压差作用下迅速开启，起到溢流作用。

　　当发动机处于怠速时下翻铲斗卸料，当重心越过铲斗下支点时，由于物料及铲斗的自重会迫使铲斗快速下翻，此时 A 腔油压低于 O 腔油压时，a 腔油压也减少，锥阀右移开启，O 腔向 A 腔补油。

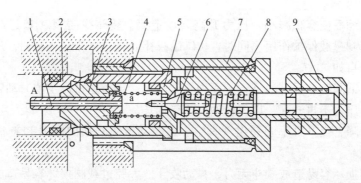

1—滑阀；2—套阀；3—锥阀；4—弱弹簧；5—提动阀座；6—提动阀；7—螺纹接套；8—调座弹簧；9—调节螺母。

图 3-7 安全阀

（2）过载补油阀。

多路阀翻斗联翻斗缸大小腔分别装有过载补油阀（如图 3-8 所示），其结构和工作原理与安全阀一样，只是大小、流量有差异。

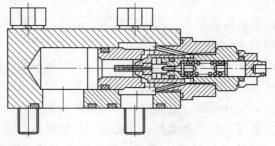

图 3-8 过载补油阀

过载补油阀的作用是在动臂提升或下降过程中，翻斗油缸过载后自动进行少量的泄油或补油。工作装置中有限位块，当动臂升至或降至某一位置会迫使翻斗油缸活塞杆伸出或缩回，小腔或大腔中压力急剧上升，可能损坏油缸油封和油管，甚至产生连杆机构动作干涉。补油阀可使困在大腔或小腔中的油液经过载阀溢流回油箱；同时由于大腔或小腔溢流瞬间会引起大腔或小腔容积突然增大形成局部真空，瞬间压力低于回油腔，此时补油阀立即打开向小腔或大腔补油，因而在机构中限位块相碰后，仍能继续提升动臂至最高的位置。铲斗向上或向下翻转时，由于受环境和工作场地限制以及意外重物打击时，会造成翻斗油缸大腔或小腔压力急剧上升而损坏其部件，过载阀可使翻斗油缸在工作中某一油腔过载后泄压，以防液压附件损坏或工作装置连动部分因瞬间冲击力过大而变形或断裂。

多路阀翻斗联装有两个过载补油阀，其结构和工作原理与安全阀一样，只是大小腔油液不产生流动，进、回油口不通。

过载补油阀安装在多路阀转斗换向阀 B 口，当小腔及管路中闭死油液压力升高，超过调定压力时，转斗换向阀 B 口过载阀开启，使闭死油路卸荷，在转斗油缸活塞杆外伸，油缸小腔压力升高的同时，由于活塞移动致使转斗油缸大腔容积增大，形成负压。此时 A 腔油压低于 O 腔油压，补油阀起作用，补油到 A 腔避免形成真空。

当动臂由最高位置下降时，若转斗处于最大上翻位置，油缸大腔与管路中的闭死油液具有一定压力，由于动臂继续下降，至铲斗限位块与动臂相碰后，油缸大腔与管路中的闭死油液随活塞杆往内缩而使容积减小，压力升高到设定值，转斗换向阀 A 口过载阀开启，使闭死油路卸荷，起到过载保护作用。同时，B 口过载补油阀向小腔管路补油，从而保证工作装置连杆机构运动自如。

当动臂快速下降时，提升油缸大腔压力急骤增大，压力超过设定值时动臂提升换向阀 A 口过载阀开启，压力不再升高，以保证油缸不受损坏。

动臂快速下降，提升缸小腔易出现真空。此时动臂提升换向阀 B 口补油阀打开，向提升油缸小腔补油。

小腔过载阀损坏容易造成翻斗无力，自动收斗。大腔过载阀损坏容易造成收斗无力，自行翻斗。

（3）液压油缸。

① 原理。装载机工作装置选用的液压油缸为双作用、单活塞杆、内卡键连接式液压油缸，是利用液压力推动液压缸活塞做正、反两个方向的运动，从而带动工作部件做往复（直线）运动。

② 结构。根据工作装置要求，液压油缸（如图 3-9 所示）的翻斗缸采用耳环杆头，动臂缸采用叉型杆头，油缸由缸筒和缸头焊接成的缸体、活塞、活塞杆、导向套、耳环或叉头等主要零件组成。液压油缸采用内卡键连接方式。当油缸有杆腔（小腔）油压升高或活行程到与导向套端面接触时，轴向力直接传递到导向套与卡键接触面，由卡键传递到油缸筒内环槽面，由于卡键的作用使导向套的位置固定，锁圈和螺母组成自锁螺母，其作用一是紧固活塞杆与活塞的连接，二是缓冲间隙。缸筒内表面粗糙度要求较高，为了避免与活塞直接发生摩擦而造成拉缸事故，活塞上装有支承环，它由尼龙耐磨材料制成。缸内两腔的密封、活塞与缸筒的密封由 O 形密封圈 I 和外滑环实现，为保证活塞杆的移动不偏离轴心线，并保证活塞和活塞杆的密封件能正常工作，设有导向套。导向套与活塞杆由 O 形密封圈 II 和内滑环密封，导向套与缸筒由 O 形密封圈 IV 密封。导向套靠近外端装有一防尘圈，以防止尘土进入油缸。耳环、叉头与活塞杆均为螺纹连接，并用螺钉定位，以防止松动。缸头及耳环内孔装有关节轴承以更好地保证油缸为轴心受力。

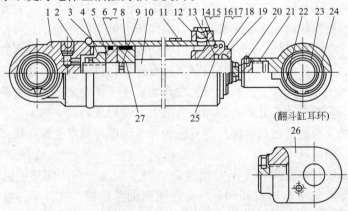

1—缸体；2—油塞；3—锁圈；4—螺母；5—活塞II；6—支承环；7—外滑环；8—O 形密封圈I；9—O 形密封圈III；
10—活塞杆；11—标牌；12—导向套；13—O 形密封圈III；14—O 形密封圈IV；15—挡圈；16—卡键；17—挡环；18—挡圈；
19—防尘圈；20—螺钉；21—耳环；22—挡圈；23—防尘圈；24—关节轴承；25—内滑环；26—叉头；27—活塞I。

图 3-9　液压油缸

（4）液压辅助元件。

液压辅助元件主要包括液压油箱、高压胶管、接头、滤油器、压力表、无缝钢管等，它们是液压系统不可缺少的辅助元件，如果损坏会影响整个系统正常工作。

工作油箱位于驾驶座椅的后面，全液压转向系统与工作装置液压系统共用一个油箱。油箱中间设有隔板，油箱上部设有加油口，上部侧面回油管路上设有回油滤油器，油下部工作油路设有泵吸油粗滤油器，侧面设有清洗孔、油标，底部设有放油胶管。

液压系统工作时，油箱中油液经吸油粗滤油器进入系统，经回油滤油器后供下次循环。

3.1.3　先导操纵工作液压系统

1. 先导操纵工作液压系统组成及工作原理

柳工 CLG856 装载机先导操纵工作液压系统（如图 3-10 所示）主要分为两部分：先导控制油路和主工作油路，主工作油路的动作是由先导控制油路进行控制，以实现小流量、低压力控制大流量、高压力。整个工作液压系统的元件组成主要有：液压油箱、工作泵、组合阀、先导阀、先导型分配阀、动臂油缸、转斗油缸、动臂及转斗自动复位装置等部件。

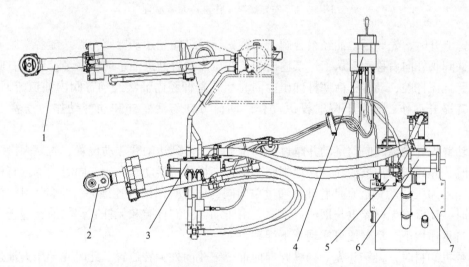

1—转斗油缸；2—动臂油缸；3—先导型分配阀；4—先导阀；5—组合阀；6—工作泵；7—液压油箱。

图 3-10　柳工 CLG856 装载机先导操纵工作液压系统基本组成

如图 3-11 所示，装载机无动作时，发动机驱动工作泵向工作液压系统提供工作压力油和先导压力油。先导操纵阀在中位时，工作泵压力油进入分配阀，经铲斗阀、动臂阀的中间油道流回油箱。

分配阀进油道装有控制工作泵油压的主溢流阀，当工作泵油压超过设定压力值 20 MPa 时，主溢流阀开启，压力油经主溢流阀出口流回油箱。

先导泵压力油经制动阀内的充液阀进入组合阀，由调压阀将该压力油减低为先导油压 3.5 MPa，供给先导操纵阀。当先导泵油压超过溢流阀调定压力值 4.0 MPa 时，溢流阀开启，压力油流回油箱。

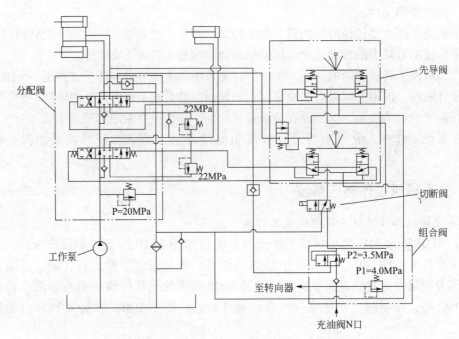

图 3-11 先导操纵工作液压系统原理

动臂上升时，先导压力油经组合阀、动臂先导操纵阀到达动臂阀左腔。随着左腔油压升高，动臂阀阀杆向右移动，从工作泵输出的工作压力油打开进油单向阀，经动臂阀右侧油道进入动臂缸无杆腔，动臂缸活塞杆伸出的同时，其有杆腔内油液经动臂阀内油道流回油箱，实现动臂提升动作。动臂下降时操纵动作、油流方向、活塞杆和动臂动作与动臂上升时相反。

将动臂先导操纵阀向前推动并越过下降位置后，即到达动臂浮动位置。先导阀操纵到浮动位置时，先导压力油推动动臂浮动阀阀芯下移，将动臂浮动阀开启，同时动臂缸有杆腔的单向阀开启卸压（动臂缸有杆腔油液通过单向阀与分配阀回油口连通）。动臂滑阀阀杆处于下降位时，动臂缸无杆腔也与回油口连通。由于动臂缸有杆腔和无杆腔都与油箱连通，在工作装置自重作用下，动臂便可实现上下浮动。

装载机卸料时，将铲斗先导操纵阀向前推至铲斗向外翻转位置。此时先导压力油进入铲斗滑阀右腔，推动其阀芯向左移动。工作压力油顶开进油单向阀，进入铲斗缸有杆腔，铲斗缸无杆腔的油液则经铲斗滑阀油道流回油箱，铲斗缸活塞杆缩回，实现铲斗向外翻转卸料动作。铲斗向内收回的操纵动作、油流方向、活塞杆和铲斗动作与铲斗向外翻转时相反。

2. 先导操纵工作液压系统各元件介绍

1）组合阀

如图 3-12 所示，组合阀安装在装载机右侧的后车架内，是先导泵向先导操纵阀及转向器供油路上的主要的压力控制元件。

如图 3-13 所示，在先导液压系统中，组合阀主要用于向先导操纵阀供油，其组成主要包括了溢流阀、减压阀及单向阀。溢流阀为先导型滑阀，其作用是调定先导液压系统中的工作压力。先导泵来油的一部分经从进油口、油道Ⅰ、节流孔作用在锥阀阀芯上，当油压上升超过溢流阀调定压力时，油压克服调压弹簧的作用力，推动锥阀阀芯向右移动，压力油通过油道Ⅱ流到回油口。此时在节流孔前后形成压力差，当溢流阀滑阀两端的压力差足够大时，克服复位弹簧的作用力向左移动。先导泵压力油溢流回油箱。

1—组合阀；2—接先导操纵阀的进油；3—先导泵到组合阀的进油（并通转向器的进油）
4—组合阀的回油（并能转向器的回油）；5—接动臂大腔单向阀。

图 3-12　组合阀

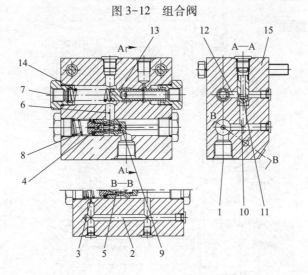

1—进油口；2—油道Ⅰ；3—节流孔；4—锥阀阀芯；5—调压弹簧；6—油道Ⅱ；7—油口；8—复位弹簧；
9—溢流阀滑阀；10—油道Ⅲ；11—单向阀；12—油腔；13—滑阀阀芯；14—调压弹簧；15—阀体。

图 3-13　组合阀

　　减压阀将先导泵或动臂油缸大腔的来油经减低压力后供往先导阀。发动机熄火而动臂处于举升状态时，可利用动臂油缸大腔的压力油向先导油路提供油源。先导泵的压力油通过进油口、油道Ⅲ后，克服复位弹簧作用力推开单向阀，通过油腔、滑阀阀芯上孔后，通向组合阀的出油口向先导操纵阀供油。由于滑阀阀芯受调压弹簧和出口油压共同作用，滑阀阀芯的移动量与减压阀输出油压成比例。

　　2）先导操纵阀

　　先导操纵阀安装在驾驶室内，司机椅的右侧。先导操纵阀为叠加式两片阀，由动臂操纵联和转斗操纵联两个阀组成。通过操纵先导操纵阀的动臂控制杆和转斗控制杆，可以操纵分配阀内动臂滑阀或转斗滑阀的动作，实现对装载机工作装置的控制。动臂手柄的操作位置有提升、中位、下降及浮动四个位置，转斗手柄的操纵位置有收斗、中位和卸料三个位置。

通过操纵先导操纵阀的动臂操纵手柄和转斗操纵手柄，可以控制动臂操纵联和转斗操纵联中各个滑阀组的动作。在各计量滑阀内，滑阀阀芯的位移与操纵手柄的操纵角度位移量成比例关系，操纵手柄的操纵角度越大，工作装置的动作速度也就越快。

（1）动臂操纵联。

动臂操纵联中包含有两组计量滑阀组及一组顺序滑阀组，分别用于实现动臂的提升、下降及浮动三个动作。

① 动臂操纵杆中位。如图3-14所示，当动臂操纵手柄处于中位时，压销2、46在相同的弹簧6、42力的作用下处于相同位置，并向上顶住压条1。计量阀芯16、25处于中位，从油口18、27到进油油道19的通道封闭。分配阀动臂滑阀阀杆两端油腔内的油经通道15、24与回油油道22连通油箱。分配阀动臂滑阀阀杆在复位弹簧作用下处于中位。

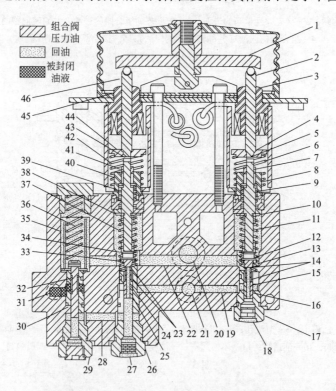

1—压条；2—压销；3—电磁线圈组；4—压板；5—阀杆；6—弹簧Ⅰ；7—螺母；8—阀组Ⅰ；9—弹簧Ⅱ；
10—弹簧座Ⅰ；11—计量弹簧；12—弹簧座Ⅱ；13—弹簧Ⅲ；14—阀孔Ⅰ；15—油道Ⅰ；16—计量阀芯Ⅰ；
17—计量阀组Ⅰ；18—油口（动臂提升腔）；19—进油油道；20—回油口；21—进油口；22—回油油道；
23—阀孔Ⅱ；24—油道Ⅱ；25—计量阀芯Ⅱ；26—阀组Ⅱ；27—油口（动臂下降腔）；28—油道Ⅲ；
29—顺序阀组；30—顺序阀芯；31—油道；32—油道Ⅳ；33—弹簧Ⅳ；34—弹簧座Ⅲ；35—弹簧腔；
36—弹簧Ⅴ；37—弹簧Ⅵ；38—弹簧座Ⅳ；39—弹簧Ⅶ；40—计量阀组Ⅱ；41—螺母；42—弹簧Ⅷ；
43—阀杆；44—压板；45—电磁线圈；46—压销。

图3-14　动臂操纵杆中位

② 动臂操纵杆提升位。当动臂操纵手柄向后推向提升位置时，压条旋向右边，推动压销向下移动，压板克服计量弹簧作用力，推动计量阀芯向下移动。压力油经过组合阀、进油油道、阀孔、油道、油口后输出到分配阀动臂滑阀杆提升端的油腔内，随着油腔内压力升高，分配阀动臂滑阀阀杆移动，从工作泵输出的高压油经分配阀进入动臂油缸大腔。动臂油缸活塞杆伸出，实现动臂提升动作。而分配阀动臂滑阀阀杆的下降端油腔内的油通过先导操纵阀的油口，经过计量阀芯、内油道、阀孔回到回油通道。

随着动臂操纵手柄继续往提升位置的方向推动，计量阀芯继续往下移动，阀孔与阀体上孔间的开口变得更大，分配阀动臂滑阀阀杆的提升端油腔内的先导压力进一步升高，更高的先导油压将分配阀动臂滑阀阀杆与工作油口之间的开口变大，通往动臂油缸大腔的压力油流量增加，动臂提升速度加快。

动臂操纵手柄完全推到提升位置时，压销和压板在弹簧的作用下向上运动。压板接触到电磁线圈时，电磁线圈的磁性吸力将压板吸住，此时可将动臂操纵手柄保持在提升位置，直到动臂操纵手柄被推离该位置或是动臂达到自动复位装置所调定的高度。

动臂操纵杆下降参照动臂操纵杆提升位原理。

③ 动臂操纵杆浮动位。如图 3-15 所示，当动臂操纵手柄越过下降位置，并继续向前推动时，动臂操纵手柄达到浮动位置。此时弹簧 I 推动压板向上运动并接触到电磁线圈，电磁线圈的磁性吸力将压板吸住，动臂操纵手柄保持在浮动位置。弹簧进一步被压缩，计量阀芯 II 位置较下降位置时的开口变大，先导压力油进入油道 III，克服弹簧 V 作用力后，推动顺序滑阀阀芯上移，打开油道 IV 和油道 V 回到回油油道，此时顺序滑阀组打开，将分配阀中动臂滑阀小腔一侧单向阀弹簧腔的油通回到油箱，单向阀打开卸荷，动臂的油缸大小腔都接通油箱。在工作装置的自重作用下，动臂实现浮动下降。

（2）转斗操纵联。

转斗操纵联中包含两组计量滑阀组，分别用于收斗及卸料两个动作。

转斗操纵杆操纵原理与动臂操纵杆操纵原理类似。转斗操纵杆中位参照动臂操纵杆中位原理；转斗操纵杆卸料位、收斗位参照动臂操纵杆提升位原理。

3）分配阀

分配阀（如图 3-16 所示）用于在主工作油路中实现工作泵向动臂油缸及转斗油缸的压力油分配控制，从而实现装载机工作装置的有效工作。

分配阀主要由阀体、动臂滑阀联、转斗滑阀联、主溢流阀、转斗大腔过载阀、转斗小腔过载阀以及各单向阀组成。

转斗滑阀联具有优先权，当转斗滑阀联工作时，动臂滑阀联不能同时工作。转斗滑阀联和动臂滑阀联的回油油道可同时实现回油，它们均为三位六通滑阀。转斗滑阀联中有卸料、中位、收斗三个位置，动臂滑阀联有下降、中位、提升三个位置。动臂的浮动是通过与先导操纵阀的共同作用在动臂滑阀的下降位置实现的。两组滑阀联的动作是通过操纵先导操纵阀的操纵手柄，利用先导操纵阀输出的先导压力油进行控制的。

（1）转斗滑阀联。

转斗滑阀联对应收斗、中位和卸料三个工作位置，其原理如图 3-17 所示。

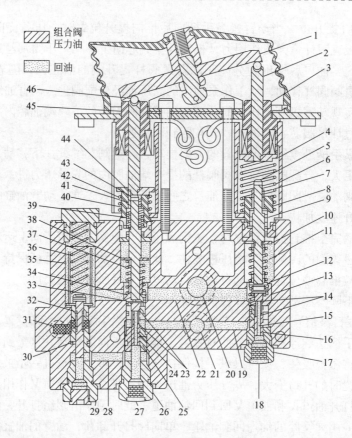

1—压条；2—压销；3—电磁线圈；4—压板；5—阀杆；6—弹簧Ⅰ；7—螺母；8—阀组Ⅰ；9—弹簧Ⅱ；10—弹簧座；
11—计量弹簧；12—弹簧座；13—弹簧Ⅲ；14—阀孔；15—油道Ⅰ；16—计量阀芯Ⅰ；17—计量阀组；
18—油口（动臂提升腔）；19—进油油道；20—回油口；21—进油口；22—回油油道；23—阀孔；
24—油道Ⅱ；25—计量阀芯Ⅱ；26—阀组Ⅱ；27—油口（动臂下降腔）；28—油道Ⅲ；29—顺序阀组；
30—顺序阀芯；31—油道Ⅳ；32—油道Ⅴ；33—弹簧Ⅳ；34—弹簧座；35—弹簧腔；36—弹簧Ⅴ。

图 3-15 先导操纵阀动臂联（浮动位置）

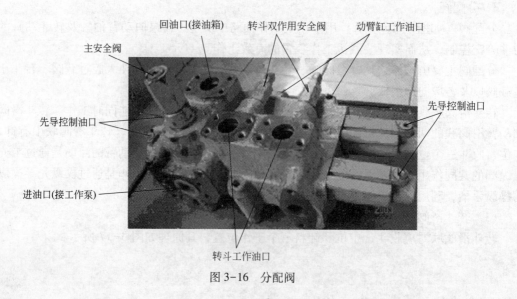

图 3-16 分配阀

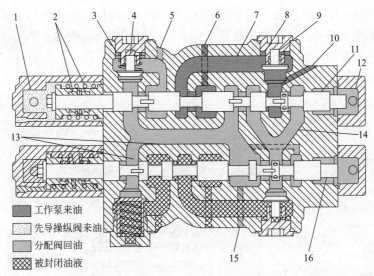

1—转斗滑阀阀杆收斗腔；2—弹簧Ⅰ；3—弹簧Ⅱ；4—接转斗油缸小腔单向阀；5—油道Ⅰ（通转斗油缸小腔）；
6—油道Ⅱ（通转斗油缸大腔）；7—油道Ⅲ；8—弹簧Ⅲ；9—转斗联进油单向阀；10—工作泵进油通道；
11—转斗滑阀阀杆；12—转斗滑阀阀杆卸料腔；13—油道Ⅳ；14—油道Ⅴ；15—分配阀回油道；16—动臂滑阀阀杆。

图 3-17　分配阀（动臂滑阀阀杆中位，转斗滑阀阀杆收斗位）

① 转斗滑阀联中位。转斗滑阀阀杆两端没有先导压力油时，转斗滑阀阀杆在弹簧Ⅰ作用下处于中位。工作泵的油从工作泵进油通道进入油道Ⅱ，向动臂滑阀联供油。此时连接分配阀的油道Ⅰ和油道Ⅱ被转斗滑阀阀杆封闭，转斗油缸保持不动。如果此时动臂滑阀阀杆也处于中位，则工作泵的来油经油道Ⅴ和油道Ⅳ，连通分配阀回油道。

② 转斗滑阀联收斗位。当操纵转斗操纵手柄收斗时，先导压力油进入转斗滑阀阀杆收斗腔内。而转斗滑阀阀杆卸料腔内的油则经先导操纵阀连通回油。转斗滑阀阀杆在油压作用下克服弹簧Ⅰ的作用力向右移动，液压油进入连通转斗油缸大腔的油道Ⅱ、油道Ⅲ。工作泵的压力油进入转斗联进油单向阀后，通过油道Ⅲ，进入转斗油缸大腔。而转斗油缸小腔的油液则通过油道Ⅰ，经油道Ⅳ、分配阀回油道后回油箱。转斗油缸活塞杆伸出，转斗实现收斗动作。

当转斗滑阀阀杆向右移动，并达到最大收斗位置时，工作泵的压力油无法进入动臂滑阀联，动臂无法工作。

③ 转斗滑阀联卸料位。当操纵转斗操纵手柄卸料时，先导压力油进入转斗滑阀阀杆卸料腔内。转斗滑阀阀杆的收斗腔内油液经先导操纵阀连通回油。滑阀阀杆在油压作用下克服弹簧Ⅰ作用力向左移动，打开连通转斗油缸小腔的油道Ⅰ、油道Ⅲ。工作泵的压力油通过转斗联进油单向阀、油道Ⅲ，进入转斗油缸小腔。而转斗油缸大腔的油液则通过油道Ⅱ、油道Ⅳ、分配阀回油道后回油箱。转斗油缸活塞杆缩回，转斗实现卸料动作。在卸料过程中，如果活塞杆缩回的速度大于工作泵输出流量所能提供的速度，分配阀内接转斗油缸小腔的单向阀打开，使油箱内油经油道Ⅳ向转斗小腔供油，避免油缸气穴发生。

当转斗滑阀阀杆向左移动，并达到最大卸料位置时，工作泵的压力油无法进入动臂滑阀联，动臂无法工作。

（2）动臂滑阀联。

① 动臂滑阀联中位。如图 3-18 所示，转斗滑阀联不工作时，分配阀动臂滑阀阀杆两端

提升腔和动臂滑阀阀杆下降腔没有先导压力油，动臂滑阀阀杆在弹簧作用下处于中位。工作泵的油经工作泵进油通道经转斗滑阀联后，进入油道Ⅳ，向动臂滑阀联供油。此时动臂油缸大小腔两端接分配阀的油道Ⅱ和油道Ⅲ被动臂滑阀阀杆封闭，动臂油缸保持不动。工作泵来油经油道Ⅳ和油道Ⅴ，连通分配阀回油通道。

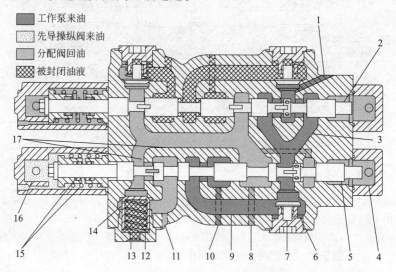

图例：
- 工作泵来油
- 先导操纵阀来油
- 分配阀回油
- 被封闭油液

1—工作泵进油通道；2—转斗滑阀阀杆；3—油道Ⅳ；4—动臂滑阀杆下降腔；5—动臂滑阀阀杆；6—弹簧Ⅰ；
7—动臂联进油单向阀；8—分配阀回油通道；9—油道Ⅰ；10—油道Ⅱ（通动臂油缸大腔）；
11—油道Ⅲ（通动臂油缸小腔）；12—弹簧Ⅱ；13—接先导操纵阀浮动油口；14—接动臂油缸小腔的单向阀；
15—弹簧Ⅲ；16—动臂滑阀杆提升腔；17—油道Ⅴ。

图 3-18　分配阀（动臂滑阀杆提升位，转斗滑阀杆中位）

② 动臂滑阀联提升位。转斗滑阀联不工作时，操纵动臂操纵手柄向提升位置动作，先导压力油进入动臂滑阀阀杆的提升端油腔内。而动臂滑阀阀杆的下降端油腔内的油则经先导操纵阀连通回油。动臂滑阀阀杆克服弹簧Ⅲ的作用力向右移动，打开连通动臂油缸大腔油道Ⅱ、油道Ⅰ。工作泵的压力油打开单向阀后，通过油道Ⅰ，进入动臂油缸大腔。而动臂油缸小腔的油液则通过油道Ⅲ，经油道Ⅴ通分配阀回油通道回油箱。动臂油缸活塞杆伸出，动臂实现提升动作。

③ 动臂滑阀联下降位。如图 3-19 所示，转斗滑阀联不工作时，当操纵动臂操纵手柄向提升位置动作时，先导压力油进入动臂滑阀阀杆下降腔内。而动臂滑阀阀杆提升腔内的油则经先导操纵阀连通回油。动臂滑阀阀杆克服阀杆弹簧Ⅲ作用力向左移动，打开连通动臂油缸大腔的油道Ⅲ、油道Ⅱ。工作泵的压力油打开单向阀后，通过油道Ⅱ，进入动臂油缸小腔。动臂油缸大腔油液则通过油道Ⅲ、油道Ⅰ通分配阀回油通道回油箱。动臂油缸活塞杆缩回，动臂实现下降动作。

④ 动臂滑阀联浮动位。当操纵动臂操纵手柄从下降位置继续向前动作时，先导操纵阀动臂操纵联中的顺序阀组打开。动臂滑阀联中接动臂小腔的单向阀弹簧腔内的油液通过先导操纵阀通回到油箱。动臂滑阀阀杆的位置与下降时是相同的，工作泵来油及动臂小腔经油道Ⅴ连通分配阀回油口，而动臂油缸大腔则因为动臂滑阀阀杆处于下降位，同时接通回油口。既此时动臂油缸大小腔都接通油箱。在工作装置自重作用下，动臂实现浮动下降。

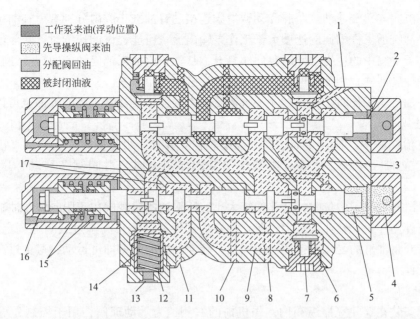

1—工作泵进油通道；2—转斗滑阀阀杆；3—油道Ⅰ；4—动臂滑阀阀杆下降腔；5—动臂滑阀阀杆；6—弹簧Ⅰ；
7—动臂联进油单向阀；8—分配阀回油通道；9—油道Ⅱ；10—油道Ⅲ（通动臂油缸大腔）；
11—油道Ⅳ（通动臂油缸小腔）；12—弹簧Ⅱ；13—接先导操纵阀浮动油口；14—接动臂油缸小腔的单向阀；
15—弹簧Ⅲ；16—动臂滑阀阀杆提升腔；17—油道Ⅴ。

图 3-19　分配阀（动臂滑阀阀杆下降及浮动位，转斗滑阀阀杆中位）

（3）进油单向阀和补油单向阀。

如图 3-20 所示，进油单向阀用于防止动臂或转斗油缸内油液的回流，以避免油缸点头的发生。例如，当转斗滑阀阀杆进行收斗动作时，工作泵来油推开单向阀进入油道，进入转斗油缸大腔。如果工作泵的输出油压比转斗油缸大腔的油压低，单向阀在转斗油缸大腔油压和单向阀弹簧的作用下关闭，保持转斗油缸大腔封闭，以防止转斗油缸缩回，避免转斗倾翻。

图 3-20　分配阀中进油单向阀和补油单向阀

在转斗滑阀连接转斗油缸小腔和动臂滑阀连接动臂油缸小腔内分别有一补油单向阀。例如，当转斗油缸活塞杆缩回的速度大于工作泵输出流量所能提供的速度时，转斗油缸小腔中的压力要小于油箱中的压力，此时单向阀打开，从油箱中的来油经油道向转斗油缸小腔补充油液，以确保转斗油缸中油液的充足，避免在油缸中产生气穴。

当转斗油缸不工作时，如果转斗油缸遭受外力的冲击，油缸小腔的补油也可以实现。

（4）过载阀。

在转斗滑阀联中，接转斗油缸大腔和小腔各安装有一组过载阀。压力油直接作用在滑阀阀芯上，当油压升高并足够克服调压弹簧的作用力时，滑阀阀芯移动，压力油连通回油。

当转斗滑阀联处于中位时，转斗油缸大小腔所接通的过载阀用于限制转斗油缸内的最高压力。当有外力作用在转斗油缸上，若在油缸内部形成的压力高于过载阀的调定压力值时，过载阀可打开将油缸的受压腔接通油箱回油，转斗油缸的活塞即可运动，避免过高的油压损害系统的元件。

4）切断阀

切断阀安装在驾驶室操纵箱内，司机椅的右侧，为手动球阀，用于控制先导油路的通断。在工作时接通先导油路，在非工作状态下（如维修或测量），必须将切断阀置于切断位置，此时先导阀的操作将不起任何作用，以防误操作发生意外。操纵手柄安装在司机椅和操纵箱之间，手柄拉起至垂直位置时为切断先导油源，手柄向下压至水平位置时为接通先导油源。

5）自动复位系统

自动复位系统包括动臂限位装置和铲斗放平控制装置两部分。如图3-21所示，动臂限位装置主要由动臂磁铁和动臂行进开关组成。转斗放平控制装置主要由转斗磁铁和转斗行进开关组成，行进开关与电磁铁之间的间隙为4~6 mm。

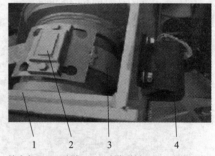

1—转斗油缸；2—转斗磁铁；3—转斗进行开关。　1—前车加；2—动臂；3—动臂磁铁；4—动臂行进开关。

(a) 动臂限位装置　　　　　　　　　　　　(b) 铲斗放平控制装置

图3-21　自动复位系统

动臂提升限位功能由安装在动臂上的磁铁及接近开关与先导操纵阀上的动臂提升限位电磁线圈实现。在接近开关上有红、绿两个指示灯，其中，绿灯指示电源状态，开电锁后，绿灯一直点亮。如果司机将动臂操纵杆扳至最后，磁路即闭合，电磁线圈所产生的磁场力将动臂操纵杆吸住（此时松手动臂操纵杆不会弹回中位），动臂将一直上升，直至磁铁与接近开关对齐，接近开关断开，红灯熄灭，电磁线圈失电，磁力消失，动臂操纵杆在弹簧力的作用下自动弹回中位，动臂不再提升。之后，接近开关又将闭合，红灯点亮，电磁线圈得电。但由于磁路不闭合，线圈中只通过很小的电流并且全部以热量的形式散发。

动臂浮动功能由先导阀中的动臂浮动线圈实现，当司机将动臂操纵杆推至最前时，磁路即闭合，电磁线圈所产生的磁场力将动臂操纵杆吸住（此时松手动臂操纵杆不会弹回中位），先导阀通过控制分配阀使动臂油缸大小油腔的油路与油箱接通，大小油腔的压力压差都为零。如果将动臂操纵杆推至浮动位置以操纵动臂下降，则动臂将在自重的作用下以最快速度下降，从而提高工作效率。

铲斗收平限位功能由安装在转斗油缸上的磁铁及接近开关与先导操纵阀上的铲斗收平限位电磁线圈组成。如果在铲斗处于卸料角度时将铲斗操纵杆扳至最后，磁路即闭合，电磁线圈所产生的磁场力将铲斗操纵杆吸住（此时松手铲斗操纵杆不会弹回中位），铲斗将一直回收，直至磁铁与接近开关对齐，接近开关断开，红灯熄灭，电磁线圈失电，磁力消失，铲斗操纵杆在弹簧力的作用下自动弹回中位，铲斗停在水平位置不再回收。再次将铲斗操纵杆朝后扳，磁铁与接近开关错位，但接近开关的红灯仍然保持熄灭，且操纵杆不能保持在极后位置，至最大收斗角时由于机械限位停止，此时松手后铲斗操纵杆自动弹回中位。如先导阀中没有铲斗前倾的电磁线圈，在铲斗从最大收斗角外倾至卸料角的过程中，需要一直朝前推住铲斗操纵杆，铲斗通过水平位置时接近开关的红灯点亮。铲斗由铲斗处于卸料角度至水平位置之间时，接近开关的红灯为点亮状态；铲斗处于水平位置与极后位置之间时，接近开关的红灯为熄灭状态。

能力训练项目

1. 现场认知装载机工作装置液压系统组成与连接。
2. 熟悉工作装置分配阀的结构原理。
3. 查阅相关资料并参照图3-22，分析CAT966D装载机工作装置液压系统工作过程。

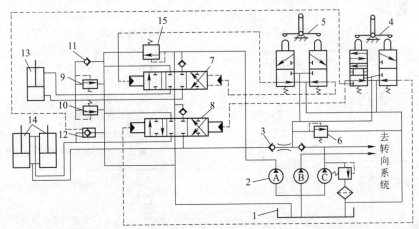

1—油箱；2—液压泵组（A为主液压泵、B为转向液压泵、C为先导液压泵）；3—单向阀；4—举升先导阀；
5—转斗先导阀；6—先导油路调压阀；7—转斗液压缸换向阀；8—动臂液压缸换向阀；9、10—安全阀；
11—补油阀；12—液控单向阀；13—转斗液压缸；14—举升液压缸；15—主油路限压阀。

图3-22 CAT966D装载机工作装置液压系统

四、熟悉表3-1中液压图常用线型符号。

表3-1　液压图常用线型符号

元件名		符号	说明
主油路		————————	
先导油路		– – – – – – –	
		·················	
回油路或内部泄漏			管路相互连接
			管路互不相通
		✕	油路关闭以后使用或特殊用途
节流孔		⟩‹	减小油道尺寸以降低压力
可调节节流孔			可调的或可变的
切断阀			
单向阀	不带弹簧		方向控制装置以防止油倒流
	带弹簧		关闭　　打开和通油
液压油箱			储存液压油
滤清器			过滤液压系统污染物
带有旁通阀			在滤清器上安装的安全装置以防止因滤清器阻塞而带来的损坏
冷却器			散发液压油的热量
通气装置			保证液压油箱内压力略大于大气压力
液压泵	(1) 定量泵　单级		泵的类型： （1）恒流量：齿轮式、叶片式、柱塞式 （2）可变流量：柱塞式 泵的排量是根据驱动器如油缸和马达的压力而变化
	双级		
	(2) 变量泵（柱塞泵）		

节流孔说明栏图示：$B \leqslant \dfrac{A}{4}$，$A \leqslant K$，高压、低压。

元件名	符号	说明
发动机和泵		
全液压转向器	L　R P　O	
油缸		双向作用：根据供油方向缩回和伸出 单向作用：由自重缩回和根据供油伸出
压力控制阀 （1）溢流阀控制前面	P　　　O	当液压系统超负荷时，溢流阀打开油流经通道进入油箱 　溢流状态 减压阀用于低压回路
压力控制阀 （2）减压阀控制后面		切断状态
方向控制阀 三位四通	A　B P　O	电磁换向阀
方向控制阀 二位三通		
快换接头		
安全吸油阀		

续表

元件名	符号	说明
方向阀的控制方法		操纵手柄 ——┐ 控制踏板 ——— 人力控制 控制按钮 ——┘
		先导液压控制 电磁控制
		通过弹簧张力的自动复位控制
		装有方向选择的控制阀，N为中间位置
马达		双向旋转马达：能根据供油方向顺时针或逆时针旋转
		单向旋转马达：单方向转动
		变速马达
加热器		
液压蓄能器		原理：气体被压缩后储存能量 作用：吸收液压振动和冲击并且可以作为应急能源使用
制动器或离合器		压紧
		松开

续表

元件名	符号	说明
梭阀		一个阀体有两个单向阀，液压油由于梭阀左右两侧的压力差而流动 A ▷◁ B $P_A>P_B$ ↓ C A ▷◁ B $P_B>P_A$ ↓ C A ▷◁ B $P_A=P_B$ ↓ C
先导单向阀	用在大、小臂保持阀	阀体中有一个单向阀和先导油路。当先导油压打开单向阀口时，油能够回流
切断阀	主压力 P	泵油压 P<设定值（∨/∧）： 油流向 A P>（∨/∧）：油流入油箱 这种阀用于制动系统，以向蓄能器补充和经常储存一定压力
逻辑阀		由柱塞和节流口组合而成，用截面的不同操作方向控制阀 打开 关闭

任务3.2 全液压转向系统

 **学习内容**

全液压转向系统的作用、组成及原理。

 **学习目标**

知识目标：熟悉装载机全液压转向系统的组成与原理，识读装载机各液压转向系统液压图；分析各相关液压阀作用及原理。

能力目标：能认知装载机全液压转向系统各组成部件，能拆装分析关键部件结构原理。

素质目标：交流合作的工作能力、认真仔细的工作作风。

装载机在行驶和作业中，需要利用转向系统来改变其行驶方向或保持直线行驶状态。转向性能是保证装载机安全行驶、减轻驾驶员的劳动强度、提高作业生产率的主要因素，是轮式装载机的一个重要性能要求。转向系统按传动类型不同一般分为机械式转向、液压助力转向、全液压转向（如图3-23所示）。

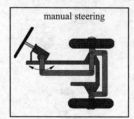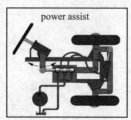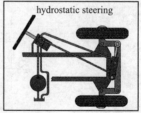

图3-23　转向系统类型

现代装载机一般采用铰接式全液压转向系统。全液压转向系统转向灵活轻便，取消了转向盘和转向轮之间的机械连接，只有油管相连，布置方便，不存在机械磨损和间隙调整带来的问题，可靠性和稳定性都得到了大大提高。

全液压转向系统的缺点是路感不明显，转向后转向盘不能自动回位，发动机熄火时手动转向比较费力。使用过久、磨损、密封件老化、维护不当或使用不当时会出现故障，其表现为堵、漏、坏或调整不当，导致转向效果恶化。

装载机铰接式全液压转向系统一般分为全液压恒流转向系统、流量放大全液压转向系统、负荷传感全液压转向系统。

3.2.1　全液压恒流转向系统

1．系统组成

全液压恒流转向系统主要由转向泵、稳流阀、转向器带（含转向器和单向溢流缓冲阀）、转向油缸等构成。在转向泵与转向器之间装有稳流阀，其作用是当转向系统流量发生变化或负载发生变化时，能保证转向系统流量稳定。由于该液压转向系统采用大排量转向器，所以体积大，不转向时功率损失较大，因此只在小型轮式行走机械中采用，大型轮式机械较少采用。

2．部件功能

1）转向泵

ZL50 装载机转向泵由发动机通过液压变矩器传来的动力带动，油泵将压力油经过稳流阀输送到转向器。

2）稳流阀

稳流阀全称为单路稳定分流阀，其内部设置有节流阀和溢流阀，安装在后车架上，转向泵与转向器之间通过节流阀的稳流作用，确保发动机转速变化的情况下转向器所需的稳定流量，满足主机液压转向性能的要求，同时将转向系统暂时不需要的油液提供给工作系统，提高整机工作效率。由于稳流阀的作用，转向回路的流量是设定好的，因此该液压系统称为全液压恒流转向系统。

3）转向器

转向器直接连接在方向盘的轴上，它把从转向器向油泵来的油分别送到左、右转向油缸里，以确定装载机运行方向。

4）单向溢流缓冲阀

单向溢流缓冲阀与转向器连接在一起，由阀体和装在阀体内的单向阀、溢流阀、双向缓冲阀等组成。单向阀的作用是防止在转向中出现下述状况：当车轮受到阻碍，使转向油缸内的油压剧升，当油压大于工作油压时，会造成油流反向流回输油泵，而使方向偏转。双向缓冲阀安装在通往转向油缸两腔的油道之间，它实际上是两个安全阀，用于快速转向或转向阻力过大时，保护油路系统不致因受到激烈的冲击而引起损坏。双向缓冲阀是不可调的。溢流阀装在进油孔和回油孔之间的通孔中，它主要用来保证压力稳定，起液压缓冲作用，同时在转动方向盘时，起到卸载溢流作用。

溢流阀在制造装配时压力已调定，使用中不准自行任意调整。

5）转向油缸

转向油缸为双作用式油缸，结构如图 3-24 所示，活塞杆销孔内装有关节轴承；转向油缸分别与前后车架相连，左、右各一个；转动方向盘时，液压油使油缸伸缩推、拉铰接车架，从而使装载机实现转向。

3．工作原理

如图 3-25 所示，不转动方向盘时，转向器阀芯处于中位，阀芯与阀套之间的配流窗口关闭，转向油缸两腔封死，保证车架不会摆动。由于转向器为中位开芯式结构，此时由稳流阀流向转向回路的流量可通过转向器中位回油箱。

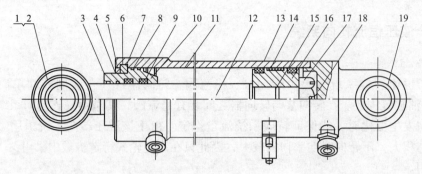

1—挡圈；2—关节轴承；3—防尘圈；4—挡圈；5—挡圈；6—O形圈；7—卡键；8—O形圈；9—密封圈；10—导向套；11—缸体；12—活塞杆；13—密封圈；14—导向环；15—O形圈；16—活塞；17—螺母；18—开口销；19—轴套。

图 3-24　转向油缸结构

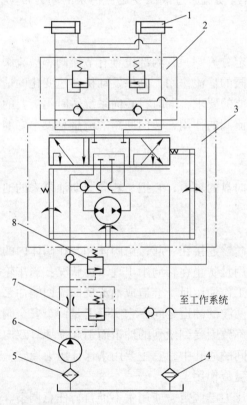

1—转向油缸；2—单向溢流缓冲阀；3—转向；4、5—滤油器；6—转向泵；7—稳流阀；8—溢流阀。

图 3-25　全液压恒流转向系统

当转动方向盘时（以左转为例），转向器阀芯随方向盘逆时针转动，转向器处于液压图中的左位，阀芯和阀套之间产生配流窗口，从转向泵经稳流阀流向转向器的油液达到计量马达，并使其转动，计量马达带动阀套转动，转动方向与阀芯转动方向相同，从而使阀芯与阀套之间的配流窗口变小，形成位置反馈伺服系统。通过计量马达的油液一分为二分别进入左边油缸的有杆腔和右边油缸的无杆腔，使左油缸收缩而右油缸伸张，油缸推动前后车架偏转，车辆进入左转状态。

若方向盘持续逆时针转动，则转向油缸保持相应的收缩和伸张动作，前后车架偏转角度持续增加，直至偏转到极限位置。

若方向盘停止转动，则阀芯也停止转动，而阀套在计量马达和弹簧片的带动下随动至阀芯停留的位置，阀芯和阀套之间的配流窗口被关闭，车辆转向的动作停止，油液经转向器中位回油箱。

右转向原理和左转向相同，只是油液在转向器和油缸中的走向相反。

3.2.2　流量放大全液压转向系统

流量放大全液压转向系统主要是利用低压小流量控制高压大流量来实现转向操作的，特别适合大、中功率机型。流量放大转向系统的核心概念是流量放大率。流量放大率是指先导油流量的变化与进入转向油缸油流量的变化的比例关系。例如，由 0.7 L/min 的先导油的变化引起 6.3 L/min 转向液压油缸油流量的变化，其放大率为 9∶1。

流量放大全液压转向系统的形式主要有两种：普通独立型、优先合流型。前者的转向系统是独立的，后者的转向系统与工作系统合流，两者转向原理与结构基本相同。

1. 流量放大全液压转向系统的特点

（1）操作平衡轻便、结构紧凑、转向灵活可靠。

（2）采用负载反馈控制原理，使工作压力与负载压力的差值始终为一定值，节能效果明显，系统功率利用合理。

（3）采用液压限位，减少机械冲击。

（4）结构布置灵活方便。

2. 普通独立型流量放大全液压转向系统结构原理

普通独立型流量放大全液压转向系统分先导操纵系统和转向系统两个独立的回路，如图3-26 所示，先导泵把液压油供给先导操纵系统和工作装置先导系统，先导油路上的溢流阀控制先导操纵系统的最高压力，转向泵把液压油供给转向系统。先导操纵系统控制流量放大阀内滑阀的位移。

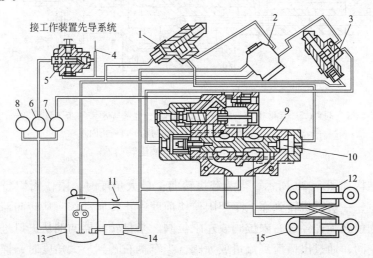

1—左限位阀；2—全液压转向器；3—右限位阀；4—先导系统单向阀；5—先导系统溢流阀；6—先导泵；7—转向泵；8—工作泵；9—流量放大阀；10—滑阀；11—节流孔；12 左转向油缸；13—液压油箱；14—油冷却器；15—右转向油缸。

图 3-26　普通独立型流量放大全液压转向系统示意图

先导操纵系统由先导泵、先导系统溢流阀、全液压转向器、左限位阀及右限位阀组成。先导泵输出的液压油总是以恒定的压力作用于液压转向器，液压转向器起计量和换向作用，当转动转向盘时先导油就输送给其中一个限位阀。如果装载机转至左极限或右极限位置时，限位阀将阻止先导油流动。如果装载机尚未转到极限位置，则先导泵将通过限位阀流到滑阀的一端，于是液压油通过阀芯上的计量孔推动阀芯移动。

转向系统包括转向泵、流量放大阀和左转向油缸、右转向油缸。转向泵将液压油输送至流量放大阀。如果先导油推动阀芯移动到右转向或左转向位置时，来自转向泵的液压油通过流量放大阀流入相应的油缸腔内，这时油缸另一腔的油经流量放大阀回到油箱，实现所需要转向。

1）先导操纵回路

BZZ3-125 全液压转向器如图 3-27 所示，由阀芯、阀套和阀体组成随动转阀，起到控制液压油流动方向的作用。转子和定子组成的计量马达，保证流进流量放大阀的流量与转向盘的转角成正比。转向盘不动时，阀芯切断油路，先导泵输出的液压油不通过转向器。转动转向盘时，先导泵的来油经随动阀进入计量马达，推动转子跟随转向盘转动，并将定量油经随动阀和限位阀输至转向控制阀阀芯的一端，推动阀芯移动，转向泵来油经转向控制阀流入相应的转向油缸腔。先导油流入流量放大阀阀芯某端的同时，经阀体内的计量孔流入阀芯的另一端，经与之连接的限位阀、液压转向器回油箱。

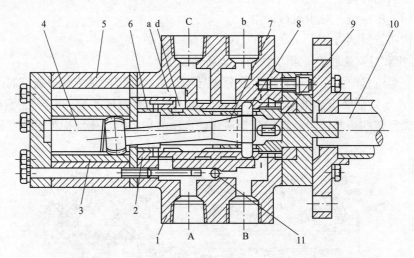

1—阀体；2—阀套；3—计量马达转子；4—圆柱销；5—计量马达定子；6—阀芯；7—连接；
8—销子；9—定位弹簧；10—转向轴；11—止回阀。

图 3-27　BZZ3-125 全液压转向器

限位阀的结构如图 3-28 所示，当装载机转向至最大角度时，限位阀切断先导油流向流量放大阀的通道，在装载机转到靠上车架限位块前就中止转向动作。从转向器来的先导油在流入流量放大阀前必须先经过右限位阀或左限位阀。来自转向器的油从进口进入限位阀，流到阀杆四周的空间，通过出口流到流量放大阀，当车辆右转到最大角度时，撞针会与右限位阀的阀杆接触，使阀杆移位，直到先导油停止从进口流到出口，即液压油停止从转向计量阀的阀芯计量孔流过，于是阀芯便回到中位，车辆停止转向。

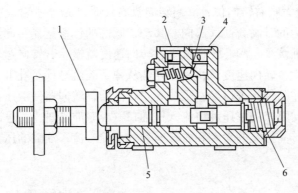

1—撞针（双头螺栓组件）；2—进口；3—球形单向阀；4—出口；5—阀杆；6—弹簧。

图 3-28　限位阀

在开始向左转前，液压油必须从转向阀芯的回油端流到右限位阀，因为阀杆有油现象，所以阀芯端的液压油必须通过球形单向阀回油，方能使转向阀芯移动开始转向。如装载机左转一个小角度，撞针将离开阀杆，使先导油重新流入阀杆的四周，而球形单向阀再次关闭。

2）转向回路

流量放大阀阀杆处于中位位置时如图 3-29 所示，当转向盘停止转动或装载机转到最大角度限位阀关闭时，由于先导油不流入阀芯的任一端，弹簧使阀芯口保持在中间位置。此时阀芯切断转向泵来油，进油口液压油压力将会升高，迫使流量控制阀移动，直到液压油从出油口流出，控制阀才停止移动。中间位置时阀芯封闭去油缸管路的液压油，此时，只要转向盘不转动，车辆就保持在既定的转向位置，与油缸连接的出口或中的油压力经球形梭阀作用到先导阀上。当阀芯处于中位时，假如有一个外力企图使车辆转向，此时出口内的油压将提高，会预开先导阀，使管道内的油压不致高于溢流阀的调定压力值。

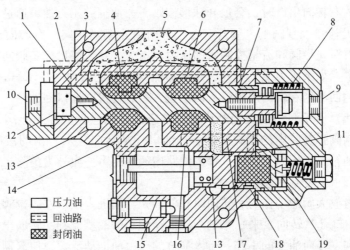

1, 7—计量孔；2, 3, 14, 17—管道；4—左转向出口；5—出油口；6—右转向出口；8—弹簧；9—右限位阀进口；
10—左限位阀进口；11—节流孔；12—阀芯；13—回油道；15—进油口（从转向泵来）；
16—球形梭阀；18—流量控制阀；19—先导阀（溢流阀）。

图 3-29　流量放大阀（中位）

图 3-30 为流量放大阀右转向位置。当转向盘右转时，先导油输入右限位阀进口，随后流入弹簧腔，进口压力的升高会使阀芯向左移动，阀芯的位移量受转向盘的转速控制。如转向盘转动慢，则先导油液少，阀芯位移就小，转向速度就慢。若转向盘转动加快，则先导油液增多，阀芯位移就大，转向速度就快。先导油从弹簧腔流经计量孔Ⅱ，再流过流道Ⅰ流入阀芯左端，然后流入左限位阀进口经左限位阀到转向器，转向器使液压油回液压油箱。随着阀芯向左移动，从转向泵来的液压油将流入进油口（从转向泵来），通过阀芯内油槽进入右转向出口，再流入左转向油缸的大腔和右转向油缸小腔。流入油缸的压力油推动活塞，使车辆向右转向。

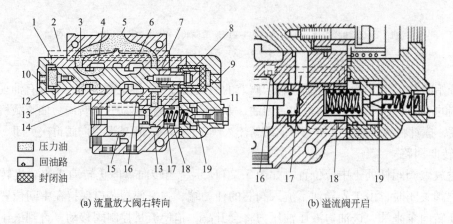

(a) 流量放大阀右转向　　　　　　　　(b) 溢流阀开启

1—计量孔Ⅰ；2—流道Ⅰ；3—流道Ⅱ；4—左转向出口；5—回油口；6—右转向出口；7—计量孔Ⅱ；8—弹簧腔；
9—右限位阀进口；10—左限位阀进口；11—节流孔；12—阀芯；13—回油道；14—流道Ⅲ；
15—进油口（从转向泵来）；16—球形梭阀；17—流道Ⅳ；18—流量控制阀；19—先导阀（溢流阀）。

图 3-30　流量放大阀（右转向位置）

　　当压力油进入右转向出口时，会顶开球形梭阀，去油缸的压力油可通过流道Ⅳ作用在先导阀（溢流阀）及流量控制阀上。倘若有一个外力阻止车辆转向，右转向出口的压力将会增高，这就意味着对先导阀和流量控制阀的压力也增大，导致流量控制阀向左移动，使更多的液压油流入油缸。如果压力继续上升，超过溢流阀的限定压力（17.2±0.35）MPa，则溢流阀开启。油缸的回油经右转向出口流入回油道，然后通过回油口回油箱。

　　如图 3-30（b）所示，当溢流阀开启时，液压油经流道Ⅳ流经先导阀，经流道Ⅱ回油箱，使得流量控制阀弹簧腔内的压力降低。进油口（从转向泵来）内的液压油流经流量控制阀的计量孔回油箱，起到卸载作用，释放油路内额外压力。当外力消除、压力下降时，流量控制阀和溢流阀就恢复到常态位置。

　　左转向时流量放大阀的动作与右转向时相似，先导油进入油口左限位阀进口，推动阀芯向右移动，从进油口（从转向泵来）来的液压油经阀芯的油槽流到左转向出口，随后流到右转向油缸的大腔和左转向油缸的小腔，流入油缸的压力油推动活塞，使车辆向左转向。当阀芯处于左转向位置时，油缸中的油压力经流道Ⅲ、球形梭阀和流道Ⅳ作用在先导阀上。溢流阀余下的动作与右转向位置时相同。

　　ZL50 装载机的转向器为摆线转阀式的全液压转向器，能够实现位置控制随动功能，是实现转向控制的重要元件。其结构如图 3-31 所示，主要由阀体、弹簧片、拨销、阀套、阀芯、联动轴、转子、定子等部分构成。其中，阀芯和方向盘相连，阀芯和阀套（如图 3-32 所示）通过拨销连接，其中阀芯上的孔较大而阀套上的孔和拨销直径相同，这样阀芯和阀套可有一定自由度的相对转动角度，二者通过弹簧片进行复位。阀套通过拨销（拨销嵌入联动轴内部）、联动轴和转子连接，这样转子转动时可带动阀套一起转动，形成随动系统。

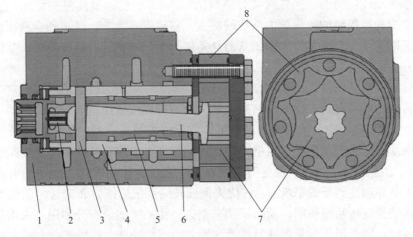

1—阀体；2—弹簧片；3—拨销；4—阀套；5—阀芯；6—联动轴；7—转子；8—定子。

图 3-31　全液压转向器结构

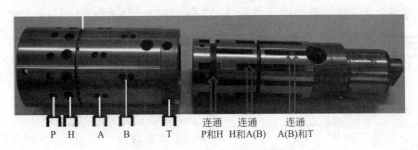

图 3-32　阀芯与阀套结构

3. 优先合流型流量放大全液压转向系统

优先合流型流量放大全液压转向系统主要由双联齿轮泵、转向器、带优先阀的流量放大阀、转向油缸等组成。优先阀实际上是流量放大阀内的一根浮动阀芯，泵供油经流量放大阀口形成负载压力作用于执行机构，装在流量放大阀内的浮动阀芯感应转向系统的负载压力，接受负载压力传感信号，通过压力补偿作用保持流量放大阀阀口两端压差不变，流过流量放大阀的流量只与换向阀开度面积大小有关而与负载大小无关，保证了执行机构运动速度良好的调节性，继承了普通放大阀的负载感应功能，无论负载压力大小，方向盘转速高低，能按照转向油路的要求，优先向转向系统分配流量，减少了系统溢流压力损失。

3.2.3　负荷传感全液压转向系统

1. 负荷传感全液压转向系统的优点

能保证转向优先，使转向可靠性提高；无论转向系统是否工作，都有少量油液在转向系统中循环，使转向灵敏，响应快；当环境温度较低时，由于转向器内部的油处于循环状态，可以大大提高起动性能，提高了转向系统效率。

2. 负荷传感全液压转向系统的组成及特点

负荷传感全液压转向系统主要由转向器与放大阀（带压力传感信号接口）集成一体形成的负荷传感全液压转向器、优先阀（带负荷感知油口）、转向液压缸等组成。它集中了小排量转向器作为先导控制的流量放大系统的特点，在转向系统中，既起到全液压流量放大系统的作用，又减少了一个流量放大阀，从而具备体积小、重量轻、操作简便、节能效果明显等特点。

负荷传感全液压转向器比原来的全液压转向器多了一个压力传感信号口，这个信号口与优先阀的负荷感知油口连通。优先阀实质上是一个差压式流量控制阀，与转向器中的可变节流口 C1 开度变化组成转向系统的流量调节机构，能够按照转向器的要求提供所需流量的油液且不受转向油路压力变化影响。根据转向系统的工作要求，在转向器与优先阀组成的负荷传感 Ls 回路中，系统中的压力、流量时刻都在发生变化，作用在优先阀两端的液压力与弹簧力使阀芯不断移动达到新的平衡点。在优先保证转向系统的压力和流量的前提下，将剩余流量供给工作装置液压系统使用，消除了功率损失，使系统能量充分利用。采用负荷传感转向系统更为节能，同时用小排量转向系统易实现人力转向功能，性能优越，具有更为广阔的应用前景。

3. 负荷传感全液压转向系统工作原理

在负荷传感全液压转向系统中（如图 3-33 所示），当发动机不工作时，液压泵即停止

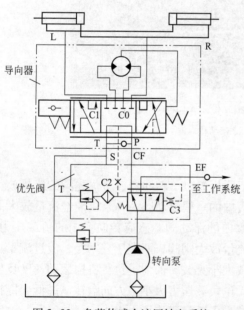

图 3-33　负荷传感全液压转向系统

转动，转向系统回路没有油液供给，优先阀在控制弹簧的作用下，阀芯右移，转向泵通过优先阀左位与油路 CF 接通。当发动机工作后，机械未转向，转向泵出来的油液通过优先阀分配给油路 CF 的油液经转向器内的中位固定节流口 C0 产生压降，节流口 C0 两端压力传到优先阀阀芯两端，形成很大的压力差，其产生的液压力与弹簧力平衡，使阀芯处于一个平衡位置。由于流经节流口 C0 的液阻很大，转向泵通过转向器中位有大量油液经节流口 C0 流回油箱，可以产生足以推动优先阀阀芯左移的压差的液压力，克服左侧弹簧力，推动优先阀阀芯左移，使油路 CF 阀口逐渐关小，而油路 EF 阀口逐渐开大，只有很少的油液流过油路 CF，在转向系统回路中循环。当转动方向盘开始转向时，就会使转向器的阀芯与阀套之间产生相对角位移，当角位移达到某值后，中位节流口 C0 完全关闭，转向泵的液压油从优先阀的 CF 口流出进入转向器的 P 口，通过转向器到达转向油缸，压力油经过转向器内的可变节流口 C1 产生压降，可变节流口 C1 的左右两端分别与优先阀的控制阀芯两端相连，在 LS 负载反馈油压的作用下，使优先阀两端的

压差减小，阀芯右移，油路 CF 阀口开大；若急转方向盘，加大转向速度，此时转向泵还来不及供给转向器所需流量，使得计量马达带动阀套的转动迟于方向盘带动阀芯转动的速度，形成转速差，造成阀芯相对阀套的角位移增加，可变节流口 C1 的开度增加，使优先阀阀芯两端的液压力小于其左端弹簧力的作用，阀芯右移，油路 CF 阀口开度进一步增大。因此，随方向盘转速的提高优先阀内接通油路 CF 的阀口开度也增大，最终实现优先阀向转向器的供油量将等于方向盘转速与转向器排量的乘积。转向油缸行程至终点，若继续转动方向盘，油液无法通过转向器流向转向油缸，使得转向系统压力迅速上升，当压力超过转向安全阀的调定值时，该阀开启。压力油流经节流口 C2，这个压差传到优先阀阀芯的两端，推动阀芯左移，迫使油路 CF 的阀口关小，接通油路 EF 的阀口开大，使转向油路的压力下降，接通其他回路工作。

3.2.4 不同类型全液压转向系统的性能比较

装有稳流阀和流量放大阀的全液压转向系统基本能满足转向的基本要求，即系统流量或负载发生变化时，能保证转向系统流量稳定。装有优先阀的全液压转向系统可以通过优先阀优先保证转向系统流量的需求，同时将多余流量供给其他工作装置，多用于负荷传感型的液压回路中。当装载机行驶过程遇到大的障碍或危险，优先保证转向系统有足够的油液，响应迅速，避免危险的发生。

对于优先流量放大阀转向系统来说，虽然采用小排量转向器输出的先导压力油作用于放大阀的主阀芯两端，经节流孔控制主阀芯的位移，使转向系统操作轻便，保证了优先转向。但是，由于转向回路的路径较长，在温度高、低不同时，通过节流孔的节流损失大小会发生变化，所以在相同的控制流量（相同的方向盘转速）下，油液温度的变化，会引起转向速度的相应变化。

对于负荷传感全液压转向系统，由于将转向器和流量放大阀集于一体，既具有了转向器的负荷传感功能，又具有流量放大的功能。通过方向盘的不同转动速度，反馈转向器负载敏感口（可变节流口）压力到优先阀负载敏感腔，优先保证转向系统的正常工作，剩余的供给其他工作装置。路径短，损失小，系统更节能。随着装载机生产能力的提高，对液压转向系统的要求也越来越高。装载机转向系统功率占整机功率的 30% 左右，转向系统的节能就尤为重要。所以，目前趋势朝着负荷传感全液压转向发展，最终将朝着智能化、集成化的方向发展，电动转向和电液动转向是研发的方向。

 能力训练项目

1. 参照图 3-34，分析 ZL50 装载机液压系统图。
2. 现场认知全液压转向系组成与连接。
3. 拆装认知全液压转向器部件，分析全液压转向器作用与原理。
全液压转向器拆装认知提示。
全液压转向器部件如图 3-35 所示，拆卸过程如下：

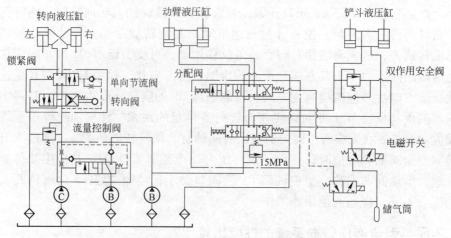

图 3-34　ZL50 装载机液压系统图

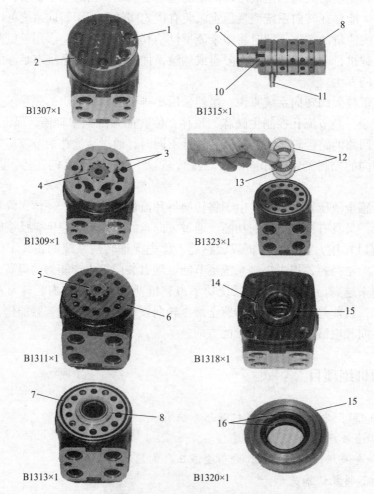

图 3-35　全液压转向器部件

（1）拆出螺栓 1、泵 2 及泵盖上的 O 形密封圈；

（2）拆出内外啮合齿轮 3 及 O 形密封圈、拿掉挡圈 4；

（3）拆出传动花键轴 5 及导流盘 6；

（4）拿掉 O 形密封圈 7；

（5）拿掉柱塞套 8；

（6）从柱塞套 8 上拆出销钉 11、柱塞 9，拿掉销轴 9 上的 6 个卡簧片 10；

（7）从泵体拆出轴承 13 及轴承座 12；

（8）翻转泵体，从泵体拆出衬圈 15 及锁紧圈 14；

（9）从衬圈 15 拆出防尘圈 16；

（10）从泵体拆出螺塞、柱塞、钢珠、座子，并从柱塞上拿掉 O 形密封圈。

装配与拆卸相反顺序。

任务 3.3 液压控制系统

 **学习内容**

变矩变速液压控制系统的组成、作用与原理。

 **学习目标**

知识目标：熟悉装载机变矩变速液压控制系统的组成、作用与原理；识读装载机各液压系统液压图；分析各相关液压阀作用及原理。

能力目标：能认知装载机液压系统各组成部件；能拆装分析关键部件结构原理。

素质目标：交流合作的工作能力、认真仔细的工作作风。

3.3.1 变矩变速液压控制系统

液力机械传动系统的控制有纯液压控制系统和电液压控制系统两种类型。无论哪种类型，最终都归结为变速箱的换挡操纵、液力变矩器循环油液的控制与冷却、变速箱与变矩器中零件的润滑等任务。

装载机变速变矩液压控制系统，包括变速箱液压回路和变矩器液压回路，因变矩器液压回路使用变速箱液压回路，故它们之间有着必然的联系。

1. 液压控制系统的原理

ZL50 装载机变矩变速箱液压控制系统如图 3-36 所示，该系统主要由油底壳、变速泵、滤油器、调压阀、切断阀、变速操纵分配阀、变矩器、背压阀、散热器等组成。

变速泵通过软管和滤网从变速箱油底壳吸油。泵出的压力油从箱体壁孔流出经软管Ⅱ到滤油器过滤（当滤芯堵塞使阻力大于滤芯正常阻力时，里面的旁通阀开起通油），再经软管Ⅲ进入变速操纵阀，自此压力油分为两路：一路经调压阀（1.1~1.5 MPa）、离合器切断阀进入变速操纵分配阀，根据变速阀杆的不同位置分别经油路 D、B 和 A 进入一挡、二挡和倒挡油缸，完成不同挡位动力传递。另一路经箱壁油道进入变矩器传递动力后流出，通过软管Ⅳ输送入散热器。经过散热器冷却后的低压油回到变矩器壳体的油道，润滑大、小超越离合器和变速箱各行星排后流回油底壳。压力阀保证变矩器进口油压最大为 0.56 MPa，出口油压最大为 0.45 MPa，背压阀保证润滑油压最大为 0.2 MPa，超过此值即打开泄压。

如图 3-37 所示，装载机变速箱前进一挡、前进二挡、倒挡挡位液压控制分析如下。

一挡：当变速操纵阀的分配阀杆置于一挡位置，压力油从变速操纵阀进入箱体的一挡进油孔，流入一挡油缸，推动一挡活塞，使一挡制动器摩擦片结合。根据一挡行星变速机构原理，太阳轮的动力，由变速箱输入轴经太阳轮、行星轮、行星架、受压盘传出，并经分动箱常啮齿轮副 C、D 传给前、后驱动桥，齿圈固定，太阳轮主动，行星架从动。

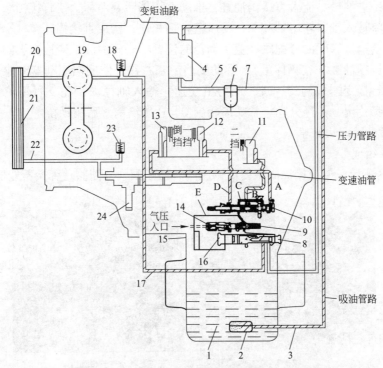

1—油底壳；2—滤网；3—软管Ⅰ；4—变速泵；5—软管Ⅱ；6—滤油器；7—软管Ⅲ；8—调压阀；9—切断阀；

10—变速操纵分配阀；11—二挡油缸；12—挡油缸；13—倒挡油缸；14—气阀；15—单向节流阀；16—滑阀；

17—箱壁埋管；18—压力阀；19—变矩器；20—软管Ⅳ；21—散热管；22—软管Ⅴ；23—背压阀；24—大超越离合器。

图 3-36 ZL50 装载机液变矩变速液压系统

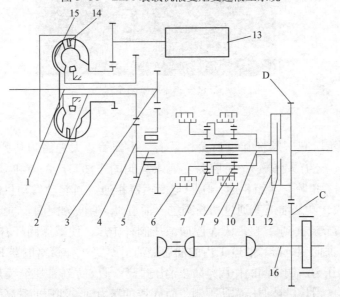

1——级涡轮输出轴；2—二级涡轮输出轴；3——级涡轮输出减速齿轮副；4—二级涡轮输出减速齿轮副；

5—变速箱输入轴；6、9—换挡制动器；7、8—齿轮副；10—二挡输入轴；11—受压盘；12—换挡离合器；

13—转向油泵；14——级涡轮；15—二级涡轮；16—输出轴。

图 3-37 ZL50D 装载机液力机械传动简图

二挡（直接挡）：当变速操纵阀的分配阀杆，置于二挡的位置时，压力油从变速操纵阀进入箱体的二挡进油口，流入直接挡油缸，推动直接挡活塞左移，使直接挡摩擦片结合，这时闭锁离合器将输入轴、输出轴和二挡受压盘直接相连，构成直接挡。

倒挡：当变速操纵阀的分配阀杆置于倒挡的位置时，压力油从变速操纵阀进入箱体倒挡进油孔，流入倒挡油缸（在箱体上），推动倒挡活塞右移，使倒挡制动器摩擦片离合器 6 结合。根据倒挡行星变速机构的原理，动力由变速箱输入轴径太阳轮、行星轮、齿圈、行星架、二挡受压盘传出，并经分动箱常啮齿轮副 C、D 传给前、后驱动桥。

2. 变速操纵阀结构原理

1）操纵阀组成

如图 3-38 所示，变速操纵阀主要由调压阀、切断阀、分配阀、弹簧蓄能器等组成。

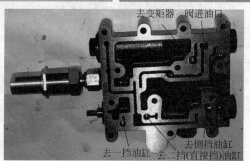

图 3-38 变速操纵阀组成

2）调压阀

如图 3-39 所示，减压阀杆和小弹簧相平衡，小弹簧、大弹簧顶住弹簧蓄能器的滑块（滑块除小弹簧外，还有大弹簧）。C 腔为变速操纵阀的进油口，A 腔和 C 腔通过减压阀杆上的小节流孔相通，B 腔与油箱相通，D 腔与变矩器相通。当起动发动机时，变速泵来油，从 C 腔进入调压阀，油从油道 F 通过切断阀进入油道 T，通向分配阀。与此同时，压力油通过减压阀杆上的小节流孔到 A 腔，从 A 腔向减压阀杆施压，使减压阀杆右移，打开油道 D，变速泵来油一部分通向变矩器。油道 T 内的油还经油道 P 进入弹簧蓄能器 E 腔，推动滑块左移，控制调压阀的压力。调压圈的作用是防止油压过高。假如系统油压继续升高，超过规定范围时，弹簧蓄能器的滑块已被调压圈所限制，而 A 腔的压力随着油压的升高而升高，推动减压阀杆右移打开油道 B，C 腔的油液部分流回油箱，压力随之降低，使系统压力保持在规定范围，减压阀杆又左移，关闭油道 B，调压阀既起着调压的作用，又起着安全阀的作用。

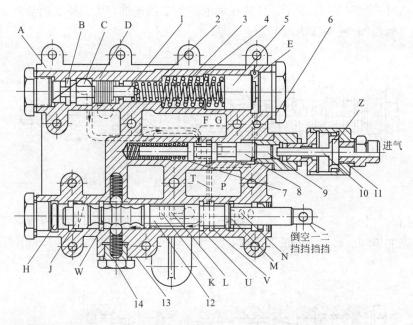

1—减压阀杆；2—小弹簧；3—大弹簧；4—调压圈；5—滑块；6—垫圈；7—弹簧；8—制动阀杆
9—圆柱塞；10—阀杆；11—阀体；12—分配阀杆；13—钢球；14—弹簧。

图 3-39　变速操纵阀

3）分配阀

如图 3-39 所示，分配阀杆由弹簧及钢球定位，扳动分配阀杆，可分别与一挡，二挡或倒挡油缸相通，N、K、H 分别与油箱相通。U、V、W 腔，始终与油道 T 相通。

分配阀油口与各挡位对应关系见表 3-2。

表 3-2　分配阀油口与各挡位对应关系

挡位	进油口	回油口
一挡	M	N
二挡	L	K
倒挡	J	H

当挂一挡时，如图 3-40 所示，V 腔压力油进入一挡进油口 M，使一挡油缸工作，这时，二挡、倒挡进油口 L、I 与 U、V、W 压力油不通。

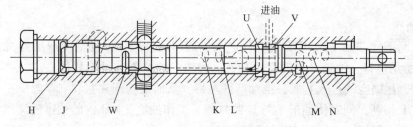

图 3-40　一挡油路图

当挂二挡时，如图3-41所示，U腔压力油进入二挡进油口L，使二挡油缸工作，此时，一挡、倒挡进油口M、I与压力油腔不通。

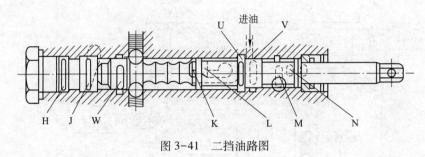

图3-41 二挡油路图

当挂倒挡时，如图3-42所示，W腔压力油进入倒挡进油口J，倒挡油缸工作。此时，一挡、二挡进油口M、L与压力油腔不通。

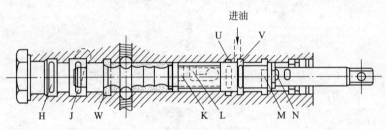

图3-42 倒挡油路图

4）弹簧蓄能器

弹簧蓄能器的作用是保证摩擦片离合器迅速而平稳地接合。如图3-39所示，弹簧蓄能器E腔通过单向节流阀的节流孔Y及单向阀与压力油道P相通。换挡时，油道T与新接合的油缸相通，显然刚接合时，油道T的压力很低，因而不仅调压阀来的油通向油道T进入油缸，而且弹簧蓄能器E腔的压力油通过打开的单向阀钢球，由油道P经油道T也进入油缸，由于两条油路的压力油同时进入油缸，使油缸迅速充油，油压骤增，油道T的压力也随之增加。

弹簧蓄能器起着加速摩擦片离合器接合的作用。假如这时仍按上述情况继续对油缸充油，就有使离合器骤然接合而造成冲击的趋势。由于弹簧蓄能器E腔油流入油缸，压力已降低，滑块右移，减压阀杆也右移。当油液充满油缸之后，T油道的油压回升，经P油道，使单向阀关闭，油从节流孔Y流进弹簧蓄能器E腔，使压力回升缓慢，从而使挂挡平稳，减少冲击。当摩擦片离合器接合后，油道T与E腔的压力也随之达到平衡，为下一次换挡准备能量。

5）切断阀

一般情况下（非制动），C口有空气进入气阀体的左腔，推动活塞压缩弹簧，刹车阀杆在图3-43所示位置，油道F与油道T相通。阀体内的G腔与油箱相通。

制动时，压缩空气进入右腔，推动阀杆左移，从而推动圆柱塞和刹车阀杆左移，弹簧被压缩使油道F切断，同时使油道T与G腔打通，工作油缸T、H内的油迅速流回油箱，离合器摩擦片，变速器进入空挡，有助于制动器的制动。

当制动结束时，右腔与大气相通，在左腔气压的作用下，气阀杆左移，圆柱塞、刹车阀

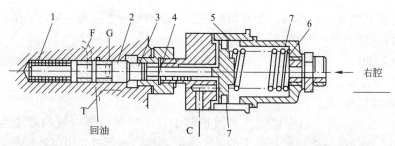

1—弹簧；2—刹车阀杆；3—圆柱塞；4—阀杆；5—阀体；6—弹簧；7—皮碗。

图 3-43 切断阀

杆在弹簧的作用下，回复到原来的位置，油道 T 与 G 腔隔断，同时接通油道 T 与 F 腔，调压阀来的压力油经 F 腔、油道 T 进入工作油缸，使摩擦片离合器自动接合。装载机恢复正常运转，刹车过程全部结束。

当拉出紧急及停车制动手柄时，C 口气路切断，左腔气压消失，弹簧推动气阀杆左移，油道 F 切断，变速箱空挡。

3.3.2 变矩器和变速箱的电液控制系统

1. 管路路径

小松 WA380-3 装载机液力机械传动液压控制系统主要由油箱、变速泵、滤油器、主溢流阀、变速操纵阀、电磁阀、蓄能器、驻车制动阀等组成。

小松 WA380-3 装载机液力变矩器、变速箱液压管道图如图 3-44 所示，图中液压泵为二联泵，加注泵将油供给液力变矩器与挡位阀，而润滑泵对变速箱的轴承、离合器片、齿轮等主要旋转部件起到清洗、润滑、冷却等作用，其液力变矩器和变速箱的液压管道路径如下：

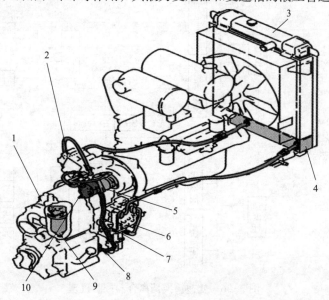

1—变速箱；2—液力变矩器；3—散热器；4—油冷却器；5—变速箱加注泵；6—变速箱主控阀；
7—先导滤油器；8—粗滤器；9—滤油器；10—变速箱润滑泵。

图 3-44 WA380-3 装载机液力变矩器和变速箱液压管道图

（1）变速箱油底壳→粗滤器→变速箱加注泵→滤油器→变速箱主控阀→油冷却器→变速箱润滑→变速箱油底壳。

（2）变速箱油底壳→粗滤器→变速箱润滑泵→变速箱润滑→变速箱油底壳。

2. 电液控制原理

1）主控阀的作用

如图 3-45 所示，变矩器变速箱的电液控制中，主控阀是集电气与液压为一体的控制阀，它控制停车制动的释放和机器行走的八个速度挡位。并通过主溢流阀控制液力变矩器的进油，主控阀就是机器行走的神经中枢。

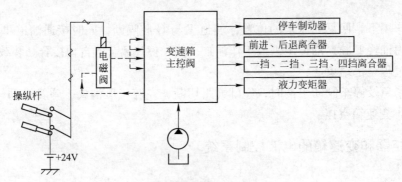

图 3-45　变速箱主控阀

2）变速箱换挡离合器控制

变速箱换挡离合器控制机理如图 3-46 所示。

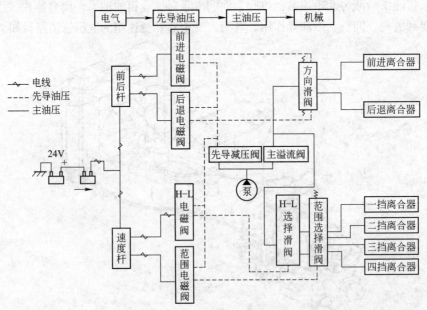

图 3-46　变速箱换挡离合器控制机理

3. 变矩器变速箱液压控制原理

如图 3-47 所示，来自液压泵的油液通过滤油器进入变速箱控制阀。油通过顺序阀进行分配，然后流入先导回路、驻车制动器回路以及离合器操纵回路。顺序阀控制油流，以使油液按顺序流入控制回路和驻车制动器回路，保持油压不变。流入先导回路的油液的压力由先导压力减压阀进行调节。流入停车制动器回路的油液，通过停车制动电磁阀、停车制动阀控制停车制动器释放的油液压力。通过主溢流阀流入离合器操作回路的油液，其压力通过调制阀调节，调节阀的作用是平稳地增高离合器的油压，减小换挡时齿轮的冲击。蓄能阀的作用是在变速箱换挡时减小延时和齿轮冲击。

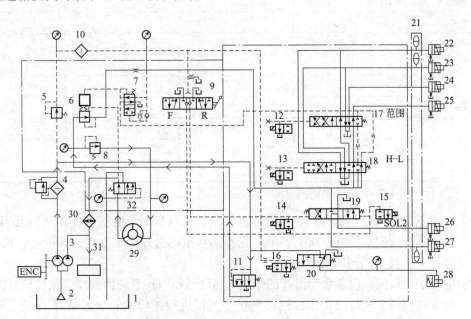

1—变速箱油底壳；2—粗滤器；3—液压泵；4—滤油器；5—先导减压阀；6—调制阀；7—快速复位阀；8—主溢流阀；
9—应急手动滑阀；10—先导滤油器；11—顺序阀；12—一挡、四挡电磁阀；13—三挡、四挡电磁阀；
14—前进、二挡电磁阀；15—倒退、二挡电磁阀；16—停车制动电磁阀；17—范围选择阀；18—H-L选择阀；
19—方向选择阀；20—停车制动阀；21—蓄能器阀；22——挡离合器；23—二挡离合器；24—三挡离合器；
25—四挡离合器；26—倒退离合器；27—前进离合器；28—停车制动器；29—液力变矩器；30—油冷却器；
31—变速箱润滑装置；32—液力变矩器出口阀。

图 3-47　变矩器变速箱液压传动系统

4. 主控阀各部件作用

（1）先导减压阀，用来控制方向选择阀滑阀、范围选择阀滑阀及停车制动阀动作的油压。

（2）主溢流阀，用来调节流至离合器回路的油液压力，并分配离合器回路的油液流量。

（3）液力变矩器出口阀，安装在液力变矩器的出口管路中，用来调节液力变矩器的最高压力。

（4）顺序阀，用来调节泵的压力，并提供先导油压和停车制动器释放油的压力。如果回路中的压力高于测量的油压水平，压力控制阀便起溢流阀的作用，降低压力以保护液压回路。

（5）快速复位阀与调制阀一起平衡地升高离合器的油压，减小换挡时齿轮的冲击。

（6）电磁阀。当操作换挡操纵杆前进或倒退时，电气信号便发送到变速箱挡位阀的 4 个电磁阀上，根据打开的和关闭的电磁阀的组合，起动前进电磁阀、倒退电磁阀、H-L 电磁阀或范围电磁阀，见表 3-3。

表 3-3　电磁阀和离合器制动表

离合器	前进电磁阀	倒退电磁阀	H-L 电磁阀	范围电磁阀
F-1	○			○
F-2	○			
F-3	○		○	
F-4	○		○	○
N				
R-1		○		○
R-2		○		
R-3		○	○	
R-4		○	○	○

注：○代表电磁阀得电。

（7）H-L 选择阀和范围选择阀。当操作齿轮换挡操纵杆时，电信号便发送到与 H-L 选择阀及与范围选择阀配对的电磁阀上。H-L 选择阀和范围选择阀根据电磁阀的组合而操作，使其可以选择速度（一挡到四挡）。

（8）应急手动滑阀。应急手动滑阀的作用是当变速箱电控系统出故障导致机械不能行驶时，可以把机械从一个危险的工作区转移到一个可以进行维修的安全区域（否则一定不要操作该阀）。如果电气系统出故障以及前进/倒退电磁阀不能工作时，使用应急手动滑阀和倒退离合器工作。

（9）调制阀。调制阀由加注阀和蓄能阀组成。它控制着离合器中油液的压力和流量，延长离合器压力达到设定值的时间，以减少变速时的振动，防止传动系统中峰值扭矩的发生，并可以减少操作员的疲劳，提高传动系统的耐用性。

（10）方向选择阀。方向选择滑阀主要通过前进/后退电磁阀控制经过应急手动滑阀到方向滑阀两端的先导油压，再由先导油压来控制前进/后退离合器的主油压。

 能力训练项目

1. 现场认知装载机动力换挡变速箱的组成与连接。
2. 拆装认知动力换挡变速箱分配阀的部件，分析分配阀的作用与原理。
3. 查阅资料并参照图 3-47，分析小松 WA380-3 装载机变速箱前进三挡油路。

任务 3.4 全液压制动系统

 **学习内容**

全液压制动系统的组成、原理及作用。

 **学习目标**

知识目标：熟悉装载机全液压制动系统的组成、原理及作用；识读装载机全液压制动系统液压图；分析各相关液压阀作用及原理。

能力目标：能认知装载机全液压制动系统各组成部件，能拆装关键部件分析其结构原理。

素质目标：交流合作的工作能力、认真仔细的工作作风。

3.4.1 全液压制动系统的特点

装载机在行驶或作业过程中要进行制动操作，制动性能的好坏直接关系到作业、行车和人身安全，因此制动性能是装载机重要的性能之一。

全液压制动系统通过脚踏板操纵液压制动调节阀，驾驶员只需要施以较小的踏板力，制动器便可得到相当高的制动压力，产生很大的制动力。全液压制动系统元件少，体积小，回路简单，便于安装和维护，性能价格比较高。

与气顶油钳盘式制动系统相比，全液压制动系统有以下优点。

（1）全液压制动系统可直接与液压系统合用一泵，与气顶油钳盘式制动系统相比，发动机上不用装空压机，省去了一套气路，具有一定的节能作用。

（2）由于全液压系统为全封闭式，无油气排入大气，其污染性较气顶油钳盘式制动系统小。

（3）由于全液压制动系统选用湿式制动器，制动摩擦片在封闭的冷却油内，抗污染能力强，使用寿命长，使整车制动更为安全可靠。

（4）由于液压油的可压缩性比空气低得多，全液压制动系统中制动阀的压力采用反馈式设计，使制动踏板受到的反作用力与制动压力成正比，驾驶员可以感觉并正确判断制动力的大小，制动响应速度比气液制动更迅速，制动性能更加安全可靠。

全液压制动系统可以分为单回路、双回路和其他形式回路。单回路液压制动是指一个制动阀同时控制所有的制动器；双回路液压制动是指前轮制动器和后轮制动器各由一个回路控制，若其中任何一个回路的元件出现故障，另一回路仍可正常工作，使整车制动更加安全可靠。

3.4.2 全液压制动系统的组成及原理

如图 3-48 所示，ZL50G 装载机全液压双回路湿式制动系统由制动泵（与先导液压系统共用）、制动阀、蓄能器、驻车制动油缸、紧急制动动力切断开关、紧急制动低压报警开关等压力开关、管路组成。

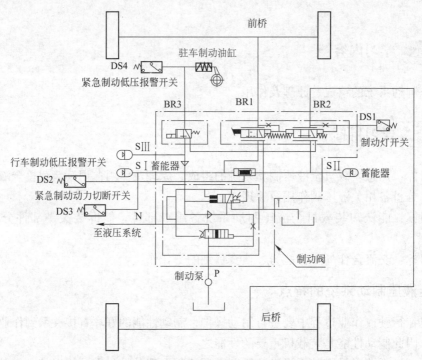

图 3-48 ZL50G 装载机全液压双回路湿式制动系统原理图

当制动系统中蓄能器内油压达到 15 MPa 时，充液阀停止向制动系统供油，转为向液压先导油路供油；当蓄能器内油压低于 12.3 MPa 时，充液阀又转为向制动系统供油。

1—紧急制动按钮；2—动力切断选择开关
图 3-49 紧急制动按钮及动力切断选择开关

由制动泵过来的油液经过制动阀内的充液阀，充到行车制动、驻车制动回路中的蓄能器中。其中蓄能器Ⅲ为停车制动回路用，蓄能器Ⅰ、Ⅱ为行车制动回路用。踩下制动踏板，行车制动回路中蓄能器内储存的高压油经制动阀进入前后桥轮边制动器，制动车轮。放松制动踏板解除制动后，前后桥轮边制动器内的液压油经组合制动阀流回油箱。

如图 3-49 所示，当行车时变速操纵手柄处于前进或后退Ⅰ、Ⅱ挡位，且动力切断选择开关闭合（按钮灯亮）时，在脚制动的同时，电控盒向变速操纵阀发出指令，使变速箱挂空挡，切断动力。当行车时变速操纵手柄处于前进或后退Ⅰ、Ⅱ挡位，且动力切断选择开关断开（按钮灯灭）时，在制动的同时将不切断动力，动力切断选择开关是带自锁功能的开关，上述为动力切断功能（刹车脱挡功能）。

"刹车脱挡功能"只在前进或后退Ⅰ、Ⅱ挡中发生作用。当装载机处于高速挡位时，为保证行车安全，不管动力切断选择开关是闭合或是断开，在制动的同时电控盒均不会发出切断动力的指令，这是由装载机的行驶特性决定的。当行车时变速操纵手柄处于前进或后退Ⅰ、Ⅱ挡位时，不要轻易使动力切断选择开关断开，否则可能会损坏制动器及传动系统。当机器正处在崎岖路段上、下坡作业实施制动时，为保证行车安全，可选择使用此功能。

刚发动装载机发动机的短时间内，行车制动低压报警灯会闪烁，报警蜂鸣器会响。这是由于此时行车制动回路中的蓄能器内油压还低于报警压力（10 MPa），待蓄能器内油压高于报警压力后报警会自动停止。只有当报警停止后，才能将紧急制动按钮按下。在作业过程中，如果系统出现故障，使行车制动回路中的蓄能器内油压低于 10 MPa 时，行车制动低压报警灯会闪烁，同时报警蜂鸣器会响。这时就应停止作业，停车检查。检查车辆时，应把车辆停在平地上，并将紧急制动按钮拉起。

将紧急制动按钮按下，电磁阀通电，阀口开启，出口油压为 15 MPa，驻车和紧急制动回路中蓄能器内储存的高压油经紧急制动电磁阀进入驻车制动油缸，解除驻车制动。将紧急制动按钮按下的瞬间，驻车和紧急制动低压报警灯会闪烁。这是由于此时驻车制动回路中油压还低于报警压力（11.7 MPa），要等紧急制动低压报警灯熄灭后才能开动机器。将紧急制动按钮拉起，电磁阀断电，驻车制动油缸内的液压油经紧急制动电磁阀流回油箱，驻车制动器抱死。在作业过程中，如果驻车和紧急制动回路出现故障，使蓄能器Ⅲ内油压低于 11.7 MPa 时，紧急制动低压报警灯会闪烁。这时，也应停止作业，停车检查。检查车辆时，应把车辆停在平地上，将紧急制动按钮拉起，并用垫块垫好轮子以免车辆运动。

如果行车制动的低压报警失灵，在系统出现故障使行车制动回路中的蓄能器内油压低于 7 MPa 时，系统中的紧急制动动力切断开关会自动切断动力，使变速箱挂空挡。同时，电磁阀断电，驻车制动油缸内的液压油经紧急制动电磁阀流回油箱，驻车制动器抱死，装载机紧急停车。

3.4.3　制动阀的组成和原理

1. 制动阀的组成

制动阀位于驾驶室内的左前部，用左脚控制制动阀踏板。

制动阀包括充液阀、低压报警开关、双单向阀、双路制动阀、制动开关、单向阀、紧急制动电磁阀等功能块。

如图 3-50 所示，当制动系统中任何一个蓄能器的压力低于 12.3 MPa 时，充液阀的阀芯动作，阀芯位于①和④工作位，充液阀回油口对 T 口关闭，N 口与 P 口部分接通，从制动泵的来油进入 P 口经充液阀以 5 L/min 的流量通过单向阀或双单向阀向蓄能器充液，直至所有蓄能器内压力达到 15 MPa 时充液阀的阀芯动作，阀芯位于②和③工作位，充液停止，此时充液阀回油口与 T 口接通，P 口与 N 口全开口接通，制动泵的来油进入 P 口至 N 口给液压系统供油。当制动系统压力（DS2 口）低于 10 MPa 时，低压报警开关动作，报警蜂鸣器响。

在系统工作的过程中，两个制动回路中只要有一个回路失效（由于泄漏等原因导致该回路建立不起压力），则双单向阀立刻投入工作，自动关闭未失效的制动回路与充液阀的通

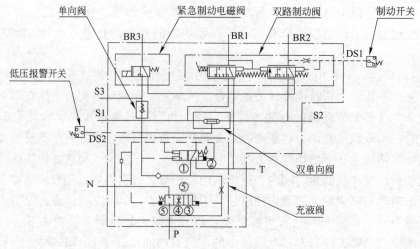

图 3-50　制动阀结构

道，保证未失效的制动回路仍可实施制动功能。此时失效回路则与充液阀相通，导致 DS2 口压力下降，低压报警开关动作，报警蜂鸣器响，此时应立即停车检查。因此，双单向阀的作用是保证两个制动回路互不干扰。双路制动阀的输出压力，也就是制动口 BR1 和 BR2 的输出压力与踏板力成正比，即踏板力越大，则制动口 BR1 和 BR2 的压力越大，但其最大值在出厂前已调定为 6 MPa。

由于阀芯复位弹簧的影响，制动回路工作过程中 BR2 口的压力比 BR1 口压力低 0.5 MPa 属于正常。当双路制动阀最初被踩动时，T 口对 BR1 口和 BR2 口关闭。继续踏动踏板，S1 和 S2 口分别对 BR1 口和 BR2 口打开，对整机实施制动。更大的踏板力将使得制动阀 BR1 口和 BR2 口的压力增大，直到踏板力与液压反馈力平衡。松开踏板，阀就会回到自由状态，T 口对 BR1 口和 BR2 口打开。在踩下踏板对整机实施制动过程中，只要 DS1 口压力大于 0.5 MPa，则制动灯开关动作，制动灯亮。单向阀是为了保持蓄能器内的压力而设置的。

当紧急制动电磁阀的电磁铁得电时，S3 口对 BR3 打开，T 口对 BR3 关闭，停车和紧急制动解除，整机可以运行。当停车或遇到紧急情况而操纵电磁铁失电时，S3 口对 BR3 口关闭，T 口对 BR3 打开，整机处于制动状态。

2. 制动阀原理

1）双路制动阀

（1）工作原理。

如图 3-51 所示，当踏下踏板时，活塞向下运动，迫使弹簧Ⅲ驱动阀芯Ⅰ、阀芯Ⅱ，克服弹簧Ⅰ、弹簧Ⅱ的力向下移动，T 口对 BR1 口及 BR2 口关闭，S1 口与 BR1 口连通，S2 口与 BR2 口连通。来自蓄能器Ⅲ的压力油经 S1 口进入 BR1 口的同时，也经阀芯Ⅱ上的节流孔进入弹簧Ⅱ腔作用在阀芯Ⅱ的底部，使得阀芯Ⅱ向上移动。当作用在阀芯Ⅱ底部的液压力及弹簧Ⅱ的力与踏板力平衡时，阀芯Ⅱ的运动停止，S1 口对 BR1 口关闭。来自蓄能器Ⅱ的压力油经 S2 口进入 BR2 口的同时，也经阀芯Ⅰ上的节流孔进入弹簧Ⅰ腔作用在阀芯Ⅰ的底部，使得阀芯Ⅰ向上移动。当作用在阀芯Ⅰ底部的液压力及弹簧Ⅰ的力与弹簧Ⅱ腔的液压力及弹簧Ⅱ的力平衡时，阀芯Ⅰ的运动停止，S2 口对 BR2 口关闭。随着踏板力的增加，BR1

口及 BR2 口的输出压力也增加。当踏板力消失时，阀芯 Ⅰ 及阀芯 Ⅱ 在弹簧 Ⅰ 力的作用下向上移动，直至回到初始状态，T 口对 BR1 口及 BR2 口打开，S1 口对 BR1 口关闭，S2 口对 BR2 口关闭。

（2）制动压力的调整。

当 BR1 口最大输出压力不符合整机出厂时的设定值（6 MPa）时，可做如此调整：确保制动阀所有外部管路的正确连接→在 BR1 口上接 1 只量程为 0~10 MPa 的压力表→扭松螺母 7→发动车辆→踏动踏板直至压力表的读数为 6 MPa→调节螺栓 8 直至其端部与踏板接触→松开踏板→锁紧螺母 7→发动机熄火→拆下压力表→接好 BR1 口软管。该压力调整的前提是在蓄能器 Ⅰ 压力为 12.3~15 MPa 范围内进行。

2）双单向阀

如图 3-52 所示，当蓄能器 Ⅰ 或蓄能器 Ⅱ 的压力低于 12.3 MPa 时，从充液阀 S 口的压力油进入双单向阀进油口，打开单向阀 5 或单向阀 2 对蓄能器 Ⅰ 或蓄能器 Ⅱ 进行充液，直至蓄能器 Ⅰ 和蓄能器 Ⅱ 的压力达到 15 MPa，充液停止，S1 口及 S2 口均与双单向阀进油口相通。当 S1 口与 S2 口压力不相等时，压力大的口对应的单向阀在液压力的作用下关闭。该双单向阀主要是由单向阀 Ⅰ 和单向阀 Ⅱ 组成，两单向阀之间的关联是通过杆实现。双单向阀出厂时已装配好，且不可调。

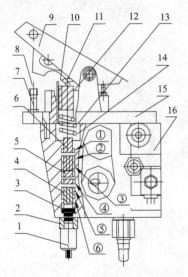

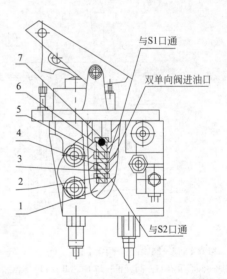

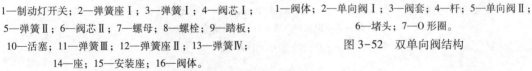

1—制动灯开关；2—弹簧座 Ⅰ；3—弹簧 Ⅰ；4—阀芯 Ⅰ；
5—弹簧 Ⅱ；6—阀芯 Ⅱ；7—螺母；8—螺栓；9—踏板；
10—活塞；11—弹簧 Ⅲ；12—弹簧座 Ⅱ；13—弹簧 Ⅳ；
14—座；15—安装座；16—阀体。
①—与 T 口通；②—BR1 口；③—与 S1 口通；
④—与 T 口通；⑤—BR2 口；⑥—与 S2 口通。
图 3-51　双路制动阀结构

1—阀体；2—单向阀 Ⅰ；3—阀套；4—杆；5—单向阀 Ⅱ；
6—堵头；7—O 形圈。
图 3-52　双单向阀结构

3）充液阀

（1）工作原理。

如图 3-53 所示，D 腔与 T 口相通。当系统中任何一个蓄能器的压力低于 12.3 MPa 时，阀芯Ⅱ在弹簧Ⅲ的作用下，向上移动，处于图3-51所示位置，T口经D腔对E腔关闭，F腔通过阀套Ⅲ上的径向孔经阀芯Ⅱ上的沉割槽与E腔相通。制动泵的来油进入P口作用在阀芯Ⅲ的上部，且经节流阀进入B腔，打开单向阀作用在阀芯Ⅰ上部的同时，通过阀体的内部油道进入F腔。由于此时E腔与F腔相通，来自P口的压力油通过阀芯Ⅱ上的径向孔进入C腔作用在阀芯Ⅱ及阀芯Ⅰ的端部。通过内部油道，E腔的压力油被引致G腔，推开阀芯进入弹簧Ⅳ腔，作用在阀芯Ⅲ的下部。在液压力及弹簧Ⅳ的力作用下，阀芯Ⅲ克服其上部的液压力向上移动，减小P口对N口的开口，制动泵经由弹簧Ⅰ腔对蓄能器进行充液。当蓄能器的压力达到15 MPa时，在阀芯Ⅱ上端部的液压力作用下，阀芯Ⅱ克服弹簧Ⅲ向下移动，直至F腔至E腔的通道被关闭，E腔与D腔通过阀套Ⅱ上的径向孔经阀芯Ⅱ上的沉割槽相通，阀芯Ⅱ停止移动。同时，弹簧Ⅳ腔的压力油打开阀芯Ⅳ进入G腔，再通过内部油道，被引致E腔向T口（接油箱）卸压。阀芯Ⅱ在P口压力的作用下克服弹簧Ⅳ力向下移动，使得P口与N口全开口接通，充液停止。此时，P口的压力为液压系统组合阀的设定压力。

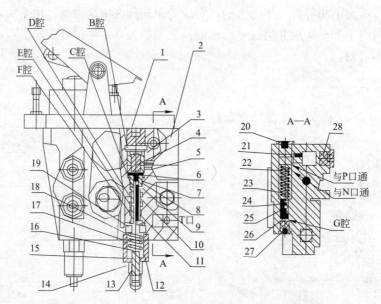

1—堵头Ⅰ；2—阀体；3—阀座Ⅰ；4—单向阀；5—弹簧Ⅰ；6—弹簧座；7—弹簧Ⅱ；8—阀套Ⅰ；9—阀芯Ⅰ；
10—阀套Ⅱ；11—阀套Ⅲ；12阀芯Ⅱ；13—螺帽；14—螺母；15—调压丝杆；16—弹簧座Ⅰ；17—阀座Ⅱ；
18—弹簧Ⅲ；19—弹簧座Ⅱ；20—堵头Ⅱ；21—节流阀；22—阀芯Ⅲ；23—弹簧Ⅳ；24—阀座Ⅲ；25—阀芯Ⅳ；
26—阀座Ⅳ；27—堵头Ⅲ；28—堵头Ⅳ。

图3-53 充液阀结构

（2）最大充液压力的调整。

当P口的最大输出压力不符合整机出厂时的设定值（15 MPa）时，需作如下调整：确保制动阀所有外部管路的正确连接→蓄能器接好充气工具→拆下螺帽→扭松螺母→起动发动机→反复踏动踏板→调节调压丝杆直至充气工具的压力表的读数为15 MPa→松开踏板→拧紧螺母→拧紧螺帽→发动机熄火→拆下充气工具→装好蓄能器保护帽。

4）紧急制动电磁阀

该阀是 2 位 3 通电磁阀，滑阀结构。当行车时，电磁阀得电，来自蓄能器Ⅲ的压力油经 BR3 口至驻车制动油缸，停车制动释放。当停车或遇到紧急情况而操纵电磁铁失电时，来自蓄能器Ⅲ的压力油对 BR3 口关闭，T 口对 BR3 口打开，整机处于制动状态。

3.4.4　蓄能器

行车制动、驻车制动回路中的蓄能器均为囊式蓄能器，如图 3-54 所示，囊式蓄能器的作用是储存压力油，以供制动时应用。其作用原理是把压力状态下的液体和一个在其内部预置压力的胶囊共同储存在一个密封的壳体之中，由于其中压力的不同变化，吸收或释放出液体以供制动时应用。制动泵运作时，把受压液体通过充液阀输入蓄能器而储存能量，这时胶囊中的气体被压缩，从而液体的压力与胶囊的气压相同，使其获得能量储备。胶囊中充入的是惰性气体氮气。

囊式蓄能器的外壳由质地均匀、无缝壳体构成，形如瓶状，两端成球状，壳体的一端有开孔，安装有充气阀门。而通过另一端的开孔安装了由合成橡胶制成的梨状的柔韧胶囊。胶囊安装在蓄能器中，用锁紧螺母固定在壳体上端，壳体的底部为进出油口。同时，在其底部装置一个弹簧托架式阀体（菌形阀），以控制出入壳体的液体，并防止胶囊从端部被挤压出壳体。囊式蓄能器的特点是胶囊在气液之间提供了一道永久的隔层，从而在气液之间获得绝对密封。

蓄能器（三个）安装于车架外侧、驾驶室的左下部，前面一个为驻车和紧急制动回路用蓄能器（蓄能器Ⅲ），后两个为行车制动回路用蓄能器（蓄能器Ⅰ、蓄能器Ⅱ）。

蓄能器内只能充装氮气，不得充装氧气、压缩空气或其他易燃气体。蓄能器内氮气的充装要用专用充气工具进行。

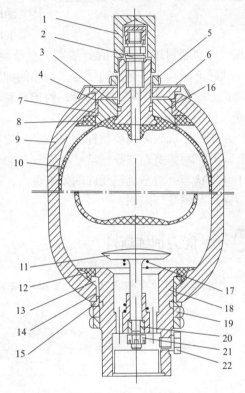

1—保护帽；2—充气阀；3—O 形密封圈；4—O 形密封圈；
5—锁紧螺母；6—压紧螺母；7—支承环；8—橡胶环；
9—壳体；10—胶囊；11—菌形阀；12—橡胶环；
13—支承环；14—O 形密封圈；15—压环；16—托环；
17—弹簧；18—阀体；19—锁紧螺母；20—活塞；
21—锁紧螺母；22—排气螺塞。

图 3-54　囊式蓄能器结构图

3.4.5　停车制动器

如图 3-55 所示，停车制动器（变矩器变速箱总成附带的元件）安装在变速箱前输出法兰上，为自动增力、内涨蹄式制动器，通过驻车制动油缸使停车制动器实施制动或释放。

全动力液压制动系统除常规全动力液压制动系统外，还有弹簧制动液压分离的制动系

图 3-55　停车制动器

统，主要应用于弹簧制动、液压分离的湿式多盘制动器。弹簧制动器集停车制动、紧急制动、工作制动于一体，无须另配置停车制动器，这使装载机制动系统结构简化。如果制动系统的任何部位失效使液压力损失，制动器都会立即制动，同时装载机结构简化。

弹簧制动液压分离的制动系统所应用的元件除充液阀、蓄能器、制动阀外，另设电磁换向阀、手动泵等，其制动阀结构也不同于普通制动阀。当机械起步时，电磁阀换向，来自液压泵的高压油经充液阀、蓄能器、电磁阀、制动阀到达驱动桥的制动器，顶开制动器弹簧，制动解除，车辆运行。当需要制动时，须踩下制动阀，制动阀接通回油箱的油路，制动器内的油液经制动阀返回油箱，制动器在弹簧力的作用下压紧主被动盘，使车辆制动不能行走。当发动机有故障或液压系统存在泄漏或油压不足时，装载机也被制动。

当车辆出现故障需要被拖动时，必须使用手动泵或弹簧制动松闸器为制动器输油，才能重新顶开制动弹簧以解除制动。尽管较普通全液压制动系统更加安全可靠，但因该系统长期处于高压状态，对系统与元件的要求很高，如元件的抗泄漏、弹簧的抗疲劳性能等，在一定程度使用范围受到限制。

 能力训练项目

1. 查阅资料并参照图 3-56，了解小松装载机全液压制动系统组成与原理。

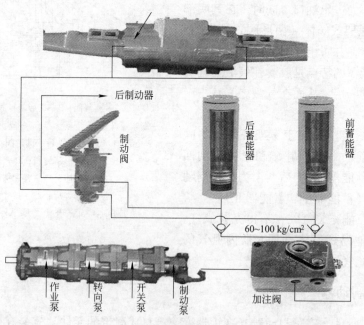

图 3-56　蓄能器充气工具

2. 囊式蓄能器使用保养

1）蓄能器的充气方法

（1）先停机，不关电锁。连续踩20次以上刹车，然后连续按下、拉起紧急制动按钮20次以上，将蓄能器内的高压油放掉。然后缓慢松开蓄能器下端出油口处的排气堵头。这时蓄能器内仍会有残存压力油，注意不要让蓄能器内的残存压力油喷射到人身上。

（2）从其中一个蓄能器上端卸下充气阀保护帽。

（3）如图3-57所示，将充气工具有压力表一头接蓄能器上端的充气阀，另一头接氮气钢瓶。

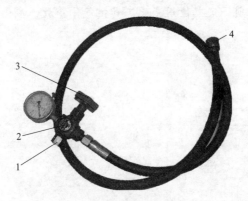

1—接蓄能器充气阀；2—放气堵头；3—开关；4—接氮气钢瓶。

图3-57　蓄能器充气工具

（4）打开氮气钢瓶开关，当压力表的压力稳定后，缓慢打开充气工具上的开关，即顶开蓄能器内的充气阀，向里充气。

（5）压力可能瞬间达到，应关上氮气钢瓶开关，看压力表稳定后的压力是否达到。若不足，再充。若压力过高，可通过充气工具上的放气堵头放气，把压力降到合适的值。

（6）充到所需压力后，先关氮气钢瓶开关，再关充气工具上的开关。

（7）取下充气工具。

（8）如果蓄能器漏气（用机油抹在蓄能器头部，有气泡则漏气），用锤子、小螺丝刀向下轻敲一下蓄能器内的充气阀，使其先向下再迅速回位，使密封面接触完全即可。

（9）装上蓄能器充气阀保护帽。

（10）按以上步骤向另外两个蓄能器充气。

2）蓄能器的保养

利用充气工具直接检查蓄能器胶囊充气压力（只检查气压可不接氮气钢瓶）。新机器出厂，第一周检查胶囊气压一次，第一个月还要检查一次，以后每半年检查一次。定期检查可以保持最佳使用状态，及早发现泄漏，及时修复使用。

3）蓄能器的使用注意事项

（1）蓄能器在充装氮气前必须对蓄能器进行检查。对未装铭牌、铭牌上的字样脱落不易识别蓄能器种类、钢印标记不全或不能识别的、壳体上有缺陷不能保证安全使用的，严禁充装气体。

（2）对蓄能器进行充气、维修等操作只能由经销商或特约维修点的专业人员进行。

（3）蓄能器只能使用充气工具充装氮气，严禁充装氧气、压缩空气或其他易燃气体，以避免引起爆炸。

（4）在充装氮气时应缓慢进行，以防冲破胶囊。

（5）蓄能器应该气阀朝上垂直安装。必须牢固地固定在支架上，不得用焊接方法来固定蓄能器，不能在蓄能器上焊接任何凸台。

（6）拆卸蓄能器前，必须泄去压力油；使用充气工具放掉胶囊中的氮气，然后才能拆下各零部件。

（7）不能在蓄能器上钻任何的孔或携带任何明火或热源靠近蓄能器。

（8）在废弃蓄能器之前一定要使用充气工具把气体释放，应由经销商或特约维修点的专业人员进行处理。

项目4 装载机施工作业与维护

项目引领

　　在对柳工生产的 ZL50CN 轮式装载机结构进行认知的基础上，从装载机安全使用、驾驶基础、施工技术等方面进行操作技能及施工技能的学习。

任务 4.1 装载机安全注意事项

 **学习内容**

装载机正确驾驶与安全使用。

 **学习目标**

知识目标：知道装载机驾驶的安全注意事项、日常维护的作业内容。

能力目标：会驾驶装载机、会进行装载机各项维护。

素质目标：安全理念、规范操作、文明驾驶。

装载机作为一种机动灵活的搬运工具，在施工作业过程中安全作业显得十分重要，装载机驾驶员要把安全驾驶操作放在首位，树立安全作业意识，自觉遵守装载机安全操作规程，熟练掌握驾驶操作技术，提高维护保养能力，使装载机处于良好的技术状态，确保驾驶作业中人身、车辆和货物安全。

4.1.1　安全警示符号和安全标贴

在装载机的车体上都贴有安全标贴，在使用装载机之前一定要认真熟悉这些安全标贴的内容，这对正确使用装载机和保护人身安全起到了极为重要的作用。下面以 ZL50CN 轮式装载机为例介绍装载机车体上所贴安全标贴的主要内容。

1. 安全警示符号

在装载机的车体上都贴有安全警示符号，如图 4-1 所示。

图 4-1　装载机安全警示符号

危险：这个词表示即刻出现的危险，如果不避免将会导致死亡或严重的人身伤害。

警告：这个词表示潜在的危险，如果不避免将会导致死亡或严重的人身伤害。

注意：这个词表示潜在的危险，如果不避免将会导致轻微或中等程度的伤害。

"注意"也用于提示提防可能导致人身伤害的不安全操作的有关安全事项。"危险"代表最严重的危险事态。"危险"或"警告"设置于特定危险处附近。

2. 安全标贴

ZL50CN 轮式装载机车体上安全标贴位置如图 4-2 所示。

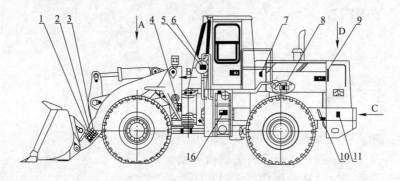

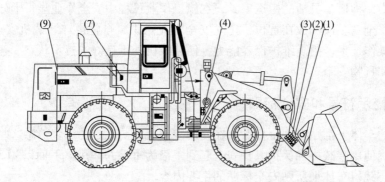

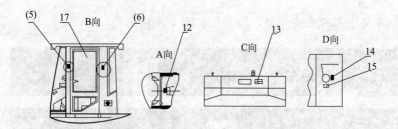

1—安全标贴；2—安全标贴；3—安全标贴；4—安全标贴；5—安全标贴；6—标贴；7—安全标贴；
8—安全标贴；9—安全标贴；10—标贴；11—安全标贴；12—安全标贴；
13—安全标贴；14—安全标贴；15—标贴；16—标贴。

图 4-2　ZL50CN 轮式装载机安全标贴位置

ZL50CN 轮式装载机安全标贴的含义见表 4-1。

表 4-1　安全标贴的含义

位置号	标贴名称	标贴图示	标贴含义
1	安全标贴		与挤压区域保持安全距离；避免手被挤压致伤（位于挤压区域）
2	安全标贴		远离已经起升的动臂或铲斗，以避免挤压伤害（位于动臂上）
3	安全标贴		挤压危险，提示在动臂起升维修时应安装动臂油缸支承（位于动臂或动臂油缸支撑上）
4	安全标贴		机器铰接处挤压危险，保持安全距离（位于机器铰接处）

续表

位置号	标贴名称	标贴图示	标贴含义
5	安全标贴	⚠ 警 告 为了避免严重的人身伤害和死亡，在操作和维护机器前，应阅读和理解本机的操作维护说明书。 应该了解和遵守当地的法律法规。 仅允许在司机座椅上操作机器。 不能在机器上搭载乘客。 在起动机器前应确认液压先导切断手柄(如有)处在切断位置和其他控制手柄处在中位，鸣喇叭警示他人。 在机器行驶前或工作装置动作前，应确保机器附近没有旁观者和障碍物。 在离开驾驶室前，应将机器停在平整地面上，将工作装置降到地面，将液压先导切断手柄(如有)放在切断位置，将其他控制手柄处在中位，合上停车制动器。 机器下坡时，禁止发动机熄火或者挂空档溜坡。 在操作机器和起吊机器时应避免撞击到机器顶部的障碍物。	为了避免严重的人身伤害和死亡，在操作和维护机器前，应阅读和理解本机的操作维护说明书。应该了解和遵守当地的法律法规章。仅允许在司机座椅上操作机器。不能在机器上搭载乘客。在起动机器前应确认液压先导切断手柄(如有)处于切断位置和其他控制手柄处与中位，鸣喇叭警示他人。确保液压控制阀处于关闭状态、其他控制杆处于空挡位置；在机器行驶前或工作装置动作前，应确保机器附近没有无旁观者与障碍物。在离开驾驶室前，应将机器停在平整地面上，将工作装置降至地面，液压先导切断手柄(如有)处于切断位置，其他控制手柄处于中位。机器下坡时，禁止关闭发动机熄火或空挡溜坡。在操作机器和起吊机器时应避免碰撞到机器顶部的障碍物(位于驾驶室内)
6	标贴	禁止使用高压水枪或其他喷水工具冲洗驾驶室内物品，清洁驾驶室内物品只能擦洗，否则会导致电器系统故障。 机器停止使用后，应断开电源总开关，否则可能导致电器系统故障。 为避免电器元件损坏，在焊接前应： ● 将机器停在平整地面上，台上停车制动器。 ● 发动机熄火并断开电源总开关。 ● 断开变速箱和仪表台的电线插接头。	禁止使用高压水枪或其他喷水工具冲洗驾驶室内物品，清洁驾驶室内物品只能擦洗，否则会导致电器系统故障。 机器停止使用后，应断开电源总开关，否则可能导致电器系统故障。 为了避免电器元件损坏，在焊接前应：将机器停在平整地面上，合上停车制动器，发动机熄火并断开电源总开关；断开变速箱和仪表台的电线插接头(位于驾驶室内)
7	安全标贴		热表面，保持安全距离，防止烫伤(位于热表面附近)
8	安全标贴	⚠ 警 告 仅允许在司机座椅上起动发动机，并且起动发动机前，变速箱应置于空挡	装载机禁止跳接起动造成的碾压危险，警告仅允许在司机座椅上起动发动机，并且起动发动机前，变速箱应置于空挡(位于起动机上)

续表

位置号	标贴名称	标贴图示	标贴含义
9	安全标贴		旋转的发动机叶片会对手指造成剪切的危险，在维修时保持安全距离或关闭发动机（位于发动机风扇附近）
10	标贴	每隔50小时或7天应将储气罐中的水排掉。操作方法：将机器停在平地上，拉起停车制动器，连续踩下和松开行车制动踏板，释放掉储气罐下端的放水阀往上推，储气罐中的水从放水阀排掉，松手后放水阀自动关闭	每隔 50 小时或 7 天将储气罐中的水排掉。操作方法：将机器停在平地上，拉起停车制动器，连续踩下和松开行车制动踏板，释放掉储气罐中的气压，然后将储气罐下端的放水阀往上推，储气罐中的水从放水阀排掉，松手后放水阀自动关闭（位于储气罐朝外的侧面上）
11	危险标贴	**⚠ 危险** 蓄电池会产生可能引起爆炸的可燃性烟雾，应远离火星和明火。不要在蓄电池表面搁置物品，否则可能造成损坏，甚至引起爆炸。蓄电池中的电解液是一种酸性物质，接触到皮肤和眼睛会引起严重伤害，一旦电解液接触到皮肤和眼睛，应立即用大量的清水冲洗皮肤，用苏打或石灰中和酸性。用水冲洗眼睛10~15分钟，并立即治疗。	蓄电池会产生可能引起爆炸的可燃性烟雾，应远离火星和明火。不要在蓄电池表面搁置物品，否则可能造成损坏，甚至引起爆炸。蓄电池中的电解液是一种酸性物质，接触到皮肤和眼睛会引起严重伤害，一旦电解液接触到皮肤和眼睛，应立即用大量的清水冲洗皮肤，用苏打和石灰中和酸性。用水冲洗眼睛 10~15 分钟，并立即治疗（位于蓄电池附近）
12	安全标贴	**⚠危险** 在动臂起升，进行维修或保养机器前应安装动臂油缸支撑。	挤压危险，提示在动臂起升维修或保养机器前应安装动臂油缸支承（位于动臂上或动臂油缸支撑上）
13	安全标贴		机器后退时对位于机器后部的人员有碾压危险（位于机器尾部）

续表

位置号	标贴名称	标贴图示	标贴含义
14	警告标贴	⚠ 警告 热的冷却液会造成严重的烫伤，打开盖子之前，应将发动机熄火，等到散热器冷却后，再缓慢地拧开盖子，释放压力。	热的冷却液会造成严重的烫伤，打开盖子之前，应将发动机熄火，等到散热器冷却后，再缓慢地拧开盖子，释放压力（位于机罩顶部）
15	标贴	水箱内已加入防冻液，气温在-15℃以上请勿放水。防冻液有效期为一年。 水箱内已加入防冻液，气温在-30℃以上请勿放水。防冻液有效期为一年。 水箱内已加入防冻液，气温在-45℃以上请勿放水。防冻液有效期为一年。	冷却液已加防冻液，分别在-15℃、-30℃、-45℃以上抗冻；防冻液有效期为一年（位于驾驶室内）
16	标贴	1.起吊前请查看整机铭牌了解机器的质量。 2.用车架固定杆将前后车架固定，使机器不能转。 3.使用合适的绳索和吊具起吊，起吊过程中保持机器水平。 4.具要要足够大，防止吊装过程中损害机器。	吊装方法： 1. 起吊前请查看整机铭牌，了解机器的重量。 2. 用车架固定杆将前后车架固定，使机器不能转动。 3. 使用合适的绳索和吊具起吊，起吊过程中保持机器水平。 4. 吊具要足够大，防止吊装过程中损坏机器
17	标贴	灭火器	位于驾驶室内

4.1.2 安全注意事项

（1）使用装载机前请阅读使用维护说明书或操作维护保养手册，熟悉所有安全事项，按使用维护说明书或操作维护保养手册规定的事项去做，否则将导致人员严重伤害。唯有受过培训并具有相应资质的人员方能操作和保养机器。在维护机器或修理机器前，在起动开关或操作杆上挂上"不能工作"等警告标签。在中心铰接区内进行维修或检查作业时，要装上

"转向架锁紧装置"以防止前、后车架相对转动。

（2）如果身体不舒服，或者服药后觉得发困或者喝酒以后，不要操作机器。

（3）驾驶员穿戴应符合安全要求，要配备必要的安全防护用品（如图 4-3 所示）。不穿宽松衣服，不佩戴首饰，不留长发；操作或保养机器时应戴硬质材料的帽子和安全眼镜，穿安全鞋，戴面罩和手套，若处于高分贝噪声工作环境下，戴上耳套和耳塞等，以避免噪声对听觉的伤害。

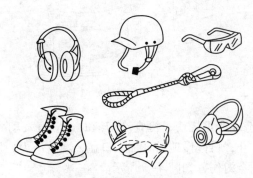

图 4-3　安全防护用品

（4）使用护目镜、安全眼镜或者面罩可以保护眼睛，避免在保养蓄电池时受高压液体的伤害或在发动机运转和使用工具时受飞屑的伤害。在拆卸弹簧或弹性零件或给蓄电池加酸时，要戴上防护面罩。在焊接操作或切割操作时，要戴上安全帽或护目镜。

（5）在检查敞开的油箱、水箱时要防止异物进入系统部件。在拆盖子之前要掏空衣服口袋，十分小心地移动扳手和螺母。

（6）当处理有害物质，如润滑油、燃油、冷却液、溶剂、过滤器、蓄电池和其他物质时要遵守有关的法律法规。使用清洁剂时要小心，不要使用易燃材料作为清洁零件的清洗剂，如柴油和汽油等有着火的危险。

（7）压缩空气可能造成人身伤害，在使用压缩空气清洁时，要穿戴好面具、防护衣服和安全鞋，用于清洁的压缩空气最大压力应低于 0.2 MPa。

（8）要避免高压油的烫伤，当检修和更换液压系统的管子时，要将载荷放低并泄压，并确定油已冷却。高压下的液压油溅到皮肤上，会给皮肤造成严重的伤害；拆开液压管道和接头时应小心，当油喷出时被释放的高压油可能引起软管扫动；检查泄漏时，要戴上安全眼镜和皮手套，要使用木板和纸板来检查泄漏，如图 4-4 所示。

图 4-4　检查泄漏

（9）安全处置废液。不适当的废料液体处理，将危害生态环境，处理废液时要遵守当地法律法规。必须将机器在检查、保养、试验、调整和修理时洒出的废液用容器盛好放好，如图 4-5 所示。

（10）防止挤压和切断。勿将手、胳膊等身体的任何部位置于可移动的部件之间，如工作装置和油缸之间，机器和工作装置之间。在工作装置下面工作时要正确地支撑好设备，不要依靠液压油缸来支撑工作装置，因为如果控制机构或移动液压管路泄漏会导致工作装置掉下来；旋转和运动的部件对身体有剪切和挤压的危险，在维修时保持安全距离和关闭发动机。

图 4-5　废液处理

（11）热的冷却液会造成严重烧伤，检查冷却液时，应将发动机熄火，等到散热器加水口盖冷却至用裸手可以拧开，再慢慢地松开加水口盖，释放压力，发动机没有冷却之前不要用手松开加水口盖，否则会烫伤，如图4-6所示。

（12）打开液压油箱加油口盖时应关闭发动机，并且使加油口盖冷至用裸手可以拧开，再慢慢地卸下油箱盖，以释放液压油箱的压力，防止热油烫伤。在拆卸所有管子接头和有关零部件之前，都应释放其系统的压力。

（13）不要在蓄电池上放置金属，否则可能发生短路引起电池爆炸。蓄电池中的电解液是一种酸性物质接触到皮肤和眼睛会引起严重的伤害。在维护蓄电池时，应佩戴防护眼镜、穿防护服，如图4-7所示。一旦电解液接触到皮肤或溅到眼睛里，应立即用大量的清水冲洗，然后就医。

图 4-6　发动机热状态

图 4-7　蓄电池维护

（14）不要弯曲或锤击高压管路，不要将非正常折弯的或损坏的硬管或软管装在机器上。

（15）驾驶室保护装置。柳工机械股份有限公司产品的王翻滚保护装置和（ROPS）和落物保护装置（FOPS）位于驾驶室框架结构内部。即使安装了ROPS，只有操作人员系上了安全带，才能得到有效的保护，操作机器时一定要系上安全带；严禁在驾驶室内、外任意乱钻、电焊，以免损坏内置的ROPS。

（16）吊装及运输机器时要连接好转向架的锁紧装置，如图4-8所示。在铰接点附近进行保养工作时也要连接好转向架的锁紧装置。操作机器之前，应将转向架的锁紧装置分开。

（17）装载机上一定要备有灭火器，并知道怎样使用；在作业工地一定要备有急救箱，并定期检查，必要时添补一些药品，如图4-9所示。

1—销；2—转向架锁。

图4-8　转向架锁紧装置

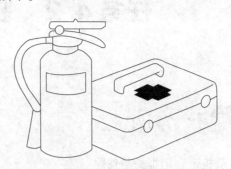

图4-9　灭火器和急救箱

 能力训练项目

找一台装载机，在装载机上找出安全标贴的位置，理解其含义，并在现场实景演练。

任务 4.2　装载机走合期维护与驾驶

 学习内容

装载机走合期维护与驾驶。

 学习目标

知识目标：掌握走合期维护的作业内容、掌握装载机驾驶的要领和安全注意事项。

能力目标：会进行走合期维护、会驾驶装载机。

素质目标：协调、配合、服从指令、规范操作。

4.2.1　装载机驾驶的规范操作

1. 起动发动机前的检查

（1）检查发动机散热器的液位。

（2）检查发动机机油油位。

（3）检查液压油箱油位。

（4）检查每条油管、水管和燃油管的密封情况。

（5）确保轮胎内的空气压力正常。

（6）检查蓄电池有无损坏的电线和松散的接头。

2. 起动发动机

（1）接通蓄电池负极开关。

图 4-10　上下机器

（2）上下扶梯。上下机器之前要清洁扶手或阶梯上的油污。此外，零件损坏要修理，螺栓松动要拧紧。只能在有阶梯或扶手的地方登上或走下机器。上下机器时要面对机器，手拉扶手，脚踩阶梯，保持三点接触（两脚一手或两手一脚），如图 4-10 所示。严禁跳下机器，严禁在机器运行时上下机器。上下机器时决不能将任何的操纵杆当作扶手，携带工具或其他物品时不要攀上或攀下机器，应当用绳子将所需工具吊上操作平台。

（3）进入驾驶室后，关好驾驶室左右门，调整好座椅，检查安全带是否正常并系好安全带。

（4）将变速操纵杆手柄置于空挡位置，如图 4-11 所示。

（5）检查操纵杆是否处在中位。如果不是，将其扳到中位，如图 4-12 所示。

图 4-11　变速杆处于空挡位置

图 4-12　操纵杆处于中位

（6）检查空调系统的风量开关是否处在"OFF"位置、转换开关是否处在"OFF"位置，如果不是，将其扳到相应的位置。

（7）钥匙插入起动开关并顺时针转动一格到"Ⅰ"位置，接通整车电源，鸣响喇叭，声明机器即将起动，其他人员不得靠近机器。

（8）将钥匙沿顺时针旋转到起动挡起动发动机，正常情况下发动机在 10 秒内起动，起动后立即松手，起动开关自动回位。起动马达起动时间不超过 15 秒，如果起动失败，立即松手让起动开关自动回位，30 秒以后再次起动发动机。如果连续三次仍然无法起动，则应进行检查排除故障。

（9）起动后应在怠速下（650~750 r/min）进行暖机。观察发动机水温表，待发动机水温达到绿色区域时，允许全负荷运转。

（10）检查各仪表是否运行良好，照明设备、指示灯、喇叭、雨刮器、制动灯是否能正常工作。

（11）如在严寒季节，应对液压油进行预热。将转斗操作杆向后扳并保持四五分钟，同时加大油门，使铲斗限位块靠在动臂上使液压油溢流，这样液压油油温将上升得较快。

（12）检查行车制动、驻车制动系统工作是否正常。

（13）如果机器周围没有障碍物，应缓慢转动方向盘，观察机器是否有左右转向动作。

3. 装载机行驶操作

（1）操作工作装置操纵杆，将铲斗向后转到限位状态；将动臂提高到运输位置，即动臂下铰接点离地面距离为 50~60 cm，如图 4-13 所示。

（2）踩下行车制动踏板，同时按下驻车制动器按钮，解除触驻车制动，如图 4-14 所示。缓慢地松开行车制动踏板，观察机器是否会移动。如果机器发生移动，请检查机器的变速控制系统。

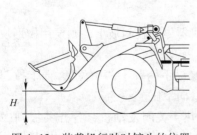

图 4-13　装载机行驶时铲斗的位置

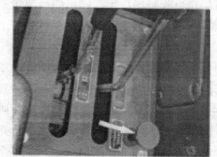

图 4-14　解除驻车制动

（3）将变速操纵杆手柄往前推到前进 1 挡或往后推挂倒挡，同时适当地踩下油门踏板，机器即可前进或倒退。

（4）将机器开到空旷平坦的场地，转动方向盘，检查机器是否能进行左右原地转向。

（5）检查行车制动性能。机器以前进 1 挡或前进 2 挡速度行走，先松开油门踏板，再平缓地踩下行车制动踏板，机器应明显地减速并停下来。

（6）换挡操作。机器行驶过程中前进 1 挡和前进 2 挡的换挡操作不必停车，也不必踩制动踏板。由低速换高速时先松一下油门同时操作变速操纵手柄推向 2 挡，由高速换低速时，则先加大油门，使变速箱输出轴与传动轴转速一致，操纵变速手柄推到 1 挡。机器改变行驶方向时，换挡操作必须机器停下后再将操作手柄推到倒挡位置。

4. 机器的转向操作

（1）松开油门踏板使发动机转速降低。

（2）踩下行车制动踏板，使机器减速。

图 4-15　拨动转向开关

（3）即将转向时，先将转向灯开关拨到相应的方向，如图 4-15 所示，这时机器前后相应一侧的转向灯和仪表总成上的相应转向指示灯会亮，提醒前后相邻的车辆和行人，本机即将进行转向操作。然后朝要转向的一侧转动方向盘，转向即开始。

（4）当机器转向完成后，应当反向转动方向盘，以使机器在平直的方向上行驶。

（5）转向操作完成后，应将转向灯开关拨到中位，转向灯随即熄灭。

（6）踩下油门踏板已达到所需的发动机转速。

5. 机器的制动操作

机器要制动时，应先松开油门踏板，然后平缓地踩下制动踏板，即可实施行车制动。在实施行车制动时机器同时将自动切断变速操纵阀的油路，制动前不必将变速操纵手柄置于空挡位置；当脚制动松开后，机器自动恢复到制动前使用的挡位。

6. 下坡的操作

在开始下坡前选择一个合适的挡位。在下坡行驶过程中不要换挡。在大多数情况下，上下坡时所用的挡位是相同的。

保持一个足够低的下坡速度。下坡行驶时应使用行车制动来控制机器的行驶速度。如果在机器高速行驶时用行车制动可能会导致制动器和驱动桥油过热，会给制动器带来严重的磨损或损坏。装着物料下坡时宜倒退行驶，上坡时则向前行驶。

7. 机器的停驻

（1）一般将机器停驻在水平地面上，如果必须将机器停驻在斜坡上，则要用楔形块楔住车轮，如图 4-16 所示。

（2）踩下行车制动踏板使机器停止行驶，将变速操纵手柄置于"中位"，向上拉起驻车制动器按钮，将所有工作装置降到地面，并将铲斗轻微向下压。

（3）发动机怠速运转 5 分钟，以便各零件均匀散热，关闭发动机，各开关扳到中位或"OFF"位，关好左右车门，走下机器关闭蓄电池负极开关，装上所有盖板，将所有的设备锁好，并取下钥匙。

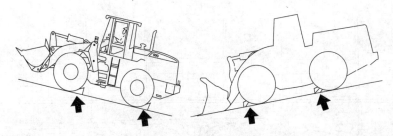

图 4-16 机器在斜坡上停驻

8. 机器的存放

（1）清洗机器每个部分、晾干、存放在干燥的库房里。如果机器只能露天存放，则应停在易排水的地面上，并用帆布遮盖。

（2）将燃油箱注满油，向各运动销轴、传动轴加注润滑油，更换液压油，液压油缸活塞杆外露部分涂一薄层黄油。

（3）将蓄电池从机器上拆离，单独存放。

（4）如果气温将可能降到0℃以下，则在发动机冷却水中加入防冻液，并使防冻液能到达发动机机体和空调系统的蒸发器。或将冷却系统中的水放干净，注意将空调系统的蒸发器中的水也放干净。

（5）存放期间每月起动一次发动机，对各个系统进行运转，并对各运动销轴、传动轴加注润滑油，这样可以使各运动部件得到润滑。同时也给蓄电池充电。在起动车辆之前，擦去液压油缸活塞杆上的黄油。结束操作后，再涂一薄层黄油；在易锈蚀部位涂抹防锈剂。

（6）重新使用前更换发动机、变速箱、驱动桥的润滑油及液压油、制动液和防冻液。对所有运动销轴、传动轴加注润滑油。在起动机器前，擦去液压油缸活塞杆上的黄油。

9. 寒冷天气的操作

（1）使用低黏性的燃油、液压油和润滑油；冷却系统中需加注防冻液；在高寒地区应使用能抗高寒的蓄电池，当工作结束，用物品遮盖住蓄电池或将它移至暖和的地方，第二天作业时再装上，这样发动机才能在第二天容易起动；每天工作完成后，应彻底清除机器上的淤泥、水、雪，避免淤泥、水、雪进入密封处并冻结而影响密封性能。

（2）为防止机器被冻结在地面上，应将机器停放在干燥的硬地上或木板上，寒冷天气过后，应将所有燃油、液压油和润滑油都换为半黏性的。

10. 机器的运输

（1）装运时应遵守国家和地方有关限制物料重量、长度、宽度和高度的法规。

（2）装运前，应使用楔形块垫好拖车或卡车的车轮，如图4-17所示。装载机在驶上拖车或卡车时，不允许在中途进行转向操作；机器停好后，用车架锁紧装置将前后车架固定起来；将铲斗降到运输车的地板上，将变速操纵手柄放到空挡；拉起驻车制动按钮；发动机熄火，起动开关扳到中位或"OFF"位置，拔下起动开关钥匙；将所有的门都关好并锁上，取下钥匙。

（3）断开蓄电池负极开关，用楔形块垫好装载机车轮并用钢丝绳固定好装载机，防止运输过程中装载机移动；盖住排气口以防涡轮增压在运输过程中像风车那样转动，避免涡轮增压器损坏。

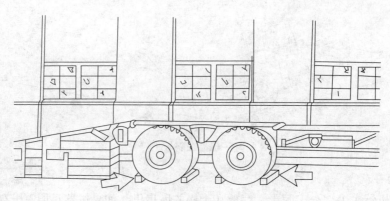

图 4-17 用楔形块垫好拖车或卡车的车轮

11. 机器的吊装

应核算起重机和吊绳的最大承载能力，以确保起吊安全；吊具上的四根吊绳应具有同等长度，以保证起吊时 4 个吊钩均匀受力；在机器前后车架上有起吊吊装点标志；在起吊前用车架锁紧装置将前后车架固定起来，使机器不能转动，吊具应牢靠地固定在机器的起吊耳上，如图 4-18 所示。

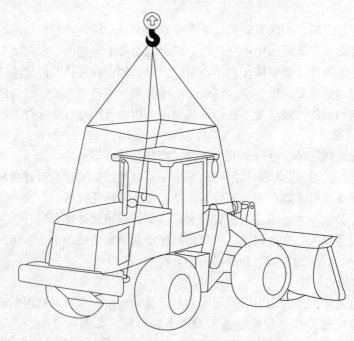

图 4-18 装载机起吊

12. 机器的拖拽

除非紧急情况外，装载机不能被拖拽。拖拽只用于将装载机拖至便于进行修理的场所进行维修，装载机的拖拽距离不能超过 10 km，拖拽时速度不能超过 10 km/h，如果需要长距离移动装载机必须使用拖车进行运输。

4.2.2 装载机的基础驾驶

1. 起步与停车

1）起步

装载机起步是驾驶装载机最常用、最基础的操作，主要包括平路起步和坡道起步。完成起动操作后，发动机运转正常，无漏油、漏水现象，仪表指示正常，便可以挂挡起步。

（1）平路起步。

装载机在平路上起步时，驾驶员身体要保持正确的驾驶姿势，两眼注视前方道路和交通情况，不得低头看。操作要领如下。

① 左脚迅速踏下离合器踏板，将变速杆挂入一挡，一般要用低速挡起步，可用一挡，倒车时将变速杆挂入倒挡。

② 松开驻车制动操纵杆、打转向灯、鸣笛。

③ 在慢慢抬起离合器踏板的同时，平稳地踏下加速踏板，使装载机慢慢起步。

起步时应保证迅速、平稳，无冲动、振抖、熄火现象，操作动作要准确。

平稳起步的关键在于离合器踏板和加速踏板的配合。离合器踏板与加速踏板的配合要领：左脚快抬听声音，音变车抖稍一停，右脚平稳踏加速踏板，左脚慢抬车前进。

（2）坡道起步。

坡道起步操作要领如下。

① 在 10°坡道上行驶至坡中停车，发动机不熄火，挂入空挡，拉手刹，靠制动保持平衡，车不下滑。

② 车辆起步时，挂入前进一挡，轻踩加速踏板，同时抬起离合器踏板至半联动状态，此时松开驻车制动器按板，再缓慢踩下加速踏板，松开离合器踏板，起步上坡前进。

③ 起步时，如果感到车辆溜车或动力不足，应立即停车，重新起步。

坡道起步操作要求如下。

① 坡道上起步时，起步要平稳，发动机不得熄火。

② 装载机不能溜车，车轮不能空转。

③ 挂挡时不能发出声响。

2）停车

停车操作要领如下。

① 松开加速踏板，打开右转向灯，缓慢向停车地点停靠。

② 踏下制动踏板，当车速较慢时踏下离合器踏板，使其平稳停下。

③ 拉紧驻车制动杆，将变速杆处于空挡位置。

④ 松开离合器踏板和制动踏板，关闭转向灯和点火开关，并切断电源开关。

停车操作要求如下。

① 熟记口诀：减速靠右车身正，适当制动把车停，拉制动放空挡，踏板松开再关灯（熄火）。

② 把握平稳停车的关键在于根据车速的快慢适当地运用制动踏板，特别是要停住时，要适当放松一下踏板。

2. 直线行驶与换挡

1）直线行驶

直线行驶主要包括起步、行驶，应注意离合器、制动器和加速踏板的使用。

直线行驶操作要领如下。

① 直线行驶时，两眼前视，看远顾近，注意两旁，行稳致远。

② 操纵转向盘，应以左手为主，右手为辅，或左手握住转向盘手柄操作。双手操作转向盘用力要均衡、自然，要仔细体会转向盘的游动间隙。

③ 如路面不平、车头偏斜时，应及时修正方向盘。修正方向要少打少回，以免"画龙"。

直线行驶注意事项如下。

① 驾驶时要身体坐直，左手握住快速转向手柄，右手放在转向盘下方，目视装载机行进的前方，精力集中。

② 行驶中，除有时一手必须操作其他装置外，不得用单手操纵转向盘。

2）换挡

装载机行驶中，要根据道路交通状况和工作情况及时换挡。在平坦的路面上，装载机起步后应及时换高速挡。低速挡换高速挡称为加挡，高速挡换低速挡称为减挡。

换挡操作要领如下。

① 加挡。先加速，当车速上升后，踏下离合器踏板，变速杆换入空挡；然后抬起离合器踏板后再迅速踏下，并将变速杆推入高速挡；最后在抬起离合器踏板的同时，缓慢加油。

② 减挡。先放松加速踏板，使装载机减速；然后踩下离合器踏板，将变速杆换入空挡，在抬起离合器踏板后踏下加速踏板，再踏下离合器踏板，并将变速杆挂入低速挡；最后在放松离合器踏板的同时踏下加速踏板。

装载机在行驶过程中，驾驶员应准确地掌握换挡时机。加挡过早或减挡过晚，都会因发动机动力不足造成传动系统抖动；加挡过晚或减挡过早，则会使低挡使用时间过长，而使燃料经济性变差，因此必须掌握换挡时机，做到及时、准确、平稳、迅速。

换挡注意事项如下。

① 换挡时两眼应注视前方，保持正确的驾驶姿势，不得向下看变速杆。

② 变速杆移至空挡后不要来回晃动。

③ 齿轮发响和不能换挡时，不允许硬推，应重新换挡。

④ 换挡时要掌握好转向盘。

3. 转向与制动

1）转向

装载机在行驶过程中，常因道路情况或作业需要而改变行驶方向。

转向操作要领如下。

① 当装载机驶近弯道时，应沿道路的内侧行驶，在车头接近弯道时，逐渐把转向盘转到底，使内前轮与路边保持一定的安全距离。

② 驶离弯道后，应立即回转方向，并按直线行驶。

转向注意事项如下。

① 要正确使用转向盘：弯缓应早转慢打，少打少回；弯急应迟转快打，多达多回。

② 转弯时，应尽量避免使用制动，尤其是紧急制动。

③ 转弯时车速要慢，转动转向盘不能过急，以免造成侧滑。

2）制动

制动是降低车速和停车的手段，它是保障安全行车和作业的重条条件，也是衡量驾驶操作技术水平的一项重要内容。一般按照需要制动的情况，可分为预见性制动和紧急制动两种。

预见性制动就是驾驶员在驾驶装载机行驶作业过程中，根据行进前方道路及工作情况，提前做好准备，有目的地采取制动或停车的措施。

紧急制动是指驾驶员在行驶中突遇紧急情况所采取的立即正使用制动器，在最短的距离内将车停住，避免事故发生的措施。

制动操作要领如下。

① 确定停车目标，放松加速踏板。

② 均匀地踩下制动踏板，当车速减慢后，再踩下离合器踏板，平稳停靠在预定目标。

③ 拉紧驻车制动器，将变速杆移至空挡。

④ 关闭点火开关。

制动注意事项如下。

① 装载机在雨、雪、冰等路面或站台上行驶，不得紧急制动，以免发生侧滑或掉下站台。

② 一般情况下，不得采取不用离合器而直接制动停车的方法，不得以倒车代替制动。

③ 使用驻车制动器时，必须先用行车制动器将车制动再使用驻车制动器。一般情况下使用驻车制动器时，不可用力过猛，以防推杆体、护杆套脱落卡住制动蹄片。运行时严禁使用驻车制动器，但当行车制动器失灵，又遇紧急情况需要停车时，可使用驻车制动器紧急停车。停车时，必须实施驻车制动。

3）定位制动

定位制动是指在距装载机起点线 20 m 处，放置一个定点物，装载机制动后，要求转斗能够触到定点物但不能将其撞倒。

定位制动操作要求如下。

（1）装载机从起点线起步后，以高速挡行驶全程，换挡时不能发出响声。

（2）制动后发动机不能熄火。

（3）斗齿轻轻接触定点物，但不能将其撞倒。

定位制动操作要领如下。

（1）装载机从起点起步后，立即加速，并换入高速挡。

（2）根据目标情况，踩下制动踏板，降低车速。

（3）当接近目标装载机将要停下时，塔下离合器踏板，并在载机斗齿距目标 10 cm 时，踩下制动踏板并将车停住。

（4）将变速杆放入空挡，松开离合器踏板和制动踏板。

4. 倒车与调头

1）倒车

装载机后倒时，应先观察车后情况，并选好倒车目标。挂上挡起步后，要控制好车速，注意周围情况，并随时修正方向。倒车时，可以注视后窗倒车、注视侧方倒车、注视后视镜倒车。目标选择以装载机纵向中心线对准目标中心、装载机车身边线或车轮靠近目标边缘。

倒车操作要求如下。

① 装载机倒车时，应先观察好周围环境，必要时应下车观察。

② 直线倒车时，应使后轮保持正直，修正时要少打少回。

③ 曲线倒车时，应先看清车后情况，在具备倒车条件下方可倒车。

④ 倒车转弯时，在照顾全车动向的前提下，还要特别注意后内侧车轮及翼子板是否会驶出路外或碰及障碍物。在倒车过程中，内前轮应尽量靠近桩位或障碍物，以便及时修正方向避让障碍物。

倒车注意事项如下。

① 应特别注意内轮差，防止内前轮出线或刮碰障碍物。

② 应注意转向、回转方向的时机和速度。

③ 曲线倒车时，尽量靠近外侧边线行驶，避免内侧刮碰或压线。

④ 装载机倒车时，观察好车后情况，并选好倒车目标。

2）调头

装载机在行使或作业时，有时需要调头改变行驶方向。掉头应选择较宽、较平的路面。

调头时先降低车速，换入低速挡，使装载机驶近道路右侧，然后将转向盘迅速向左转到底，待前轮接近左侧路边时，踏下离合器踏板，并迅速向右回转方向，制动停车。

挂上倒挡起步后，向右转足方向到适当位置，踩下离合器踏板，向左回转方向，制动停车。

当在道路较窄时，重复以上动作。调头完成后，挂上前进挡行驶。

调头操作要求如下。

① 在调头过程中不得熄火，不得转死转向盘，车轮不得接触边线。

② 车辆停稳后不得转动转向盘。

③ 必须在规定较短时间内完成调头。

调头注意事项如下。

① 在保证安全的前提下，尽量选择便于调头的地点，如交叉路口、广场，以及平坦、宽阔、土质坚硬的路段，避免在坡道、窄路或交通复杂地段进行调头，禁止在桥梁、隧道、涵洞或铁路交叉道口等处调头。

② 调头时采用低速挡，速度应平稳。

③ 注意装载机后轮转向的特点。

④ 禁止采用半联动方式，以减少离合器的磨损。

4.2.3 装载机场地驾驶训练

装载机场地驾驶训练是在规定的场地内，按规定的标准和要求进行综合练习。通过练习，可以培养、锻炼驾驶员的目测判断能力和驾驶技巧，提高装载机驾驶水平。

1. 直弯通道驾驶

装载机在作业时，经常在狭窄的直弯通道中行驶，只有正确驾驶操作，才能保证安全顺利地进行作业。

1）场地设置

如图 4-19 所示，路宽要根据训练机器的尺寸来确定，路宽=外转向轮半径-内前轮半径

+安全距离，即 $B=R-r+C$。路长可以任意设定。

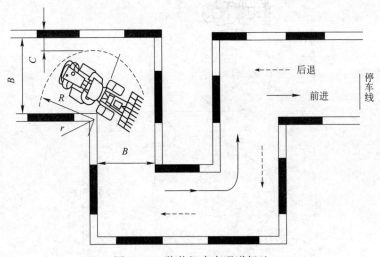

图 4-19　装载机直弯通道场地

2）操作要求

装载机起步后前进行驶，经过右转→左转→左转→右转后，到达停车位；然后接原路后退行驶，经过右转→左转→左转→右转后，返回到起始位置。行驶过程中要保持匀速行驶，做到不刮、不碰、不熄火、不停车。

3）操作要领

（1）前进。车辆进入驾驶区应尽量靠近内侧边线，内侧车轮与内侧边线应保持约 100 mm 的距离，并保持平行前进。距离直角 1~2 m 处，减速慢行。待门架与转折点平齐后，迅速向左（右）转动转向盘至极限位置，使装载机内前轮绕直角转动；直到后轮将越过外侧边线时，再回转转向盘。把方向回正后，按新的行进方向行驶，完成此次前进操作。

（2）后退。装载机后轮沿外侧行驶，为前轮留下安全行驶距离。当装载机横向中心线与直角点对齐时，迅速向左（右）转动转向盘到极限位置，待前轮转过直角点时立即回转方向盘摆正车身，继续后退行驶。

4）注意事项

（1）应特别注意外轮差，防止后轮出线或刮碰障碍物。

（2）要控制好车速，注意转向、回转方向的时机和速度。

（3）操作时用低速挡匀速通过。

（4）尽量靠近内侧边线行驶，转向要迅速，注意不要刮碰障碍物。

（5）转弯后应注意及时回正方向，避免刮碰内侧。

2. 绕"8"字形训练

1）场地设置

绕"8"字形训练可以进一步练习装载机的转向操作，训练驾驶员对转向盘的使用和行驶方向的控制，场地设置如图 4-20 所示。

装载机路宽=车宽+80 cm

大圆直径=2.5 倍车长

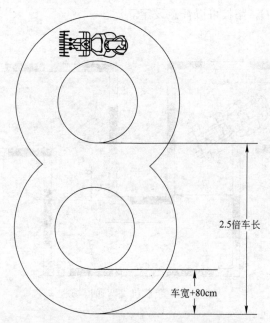

图 4-20　绕 "8" 字形训练场地设置

小圆直径＝大圆直径−2 倍路宽

2）操作要求

（1）车速不宜过快，操作时用同一挡位行驶全程，操作熟练后可适当加速。

（2）装载机在行驶时，内、外侧不能刮碰或压线。

（3）中途不能熄火、停车。

3）操作要领

（1）装载机从 "8" 字形训练场地顶端驶入，加速踏板要平稳，保持匀速行驶，防止装载机动力不足。

（2）装载机稍靠近内圆行驶，前内轮尽量靠近内圆线，随内圆变换方向，避免外侧刮碰障碍物或压线。

（3）通过交叉点时，在装载机与待驶入的通道对正时，及时回正方向；同时改变行驶方向，向另一侧转向继续行驶，转向要快而适当，修正要及时、少量。

（4）装载机后退时，后外轮应靠近外圆，随外圆变换方向，如同转大弯一样，随时修正方向。

4）注意事项

（1）应特别注意外轮差，防止后轮出线或刮碰障碍物。

（2）注意转向、回转反向的时机和速度。

（3）尽量靠近内侧边线行驶，避免外侧刮碰障碍物或压线。

（4）转弯后应注意及时回正方向，同时改变行驶方向，并向另一侧转向继续行驶。

3. 侧方移位

在装载机作业过程中，采用前进和后退的方法由一侧向另一侧移位，称为侧方移位。

1）场地设置

侧方移位场地设置如图 4-21 所示。

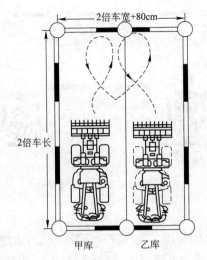

图 4-21 侧方移位场地设置

车位长 = 2 倍车长

车位宽 = 2 倍车宽 + 80 cm

2）操作要求

（1）按规定的路线完成操作，两进、两倒完成侧方移位至另一侧后方时，要求车正、轮正。

（2）行驶过程中车身任何部位不得碰、挂桩杆，不允许越线。

（3）每次进退过程中，不得中途停车、熄火，不得使用半联动和打死转向盘。

3）操作要领

（1）装载机从左侧（甲库）移向右侧（乙库）。

第一次前进，起步后稍向右转向，沿右侧沿标志线慢慢前进，当斗齿前端距前标志线 50 cm 时，迅速向左转，全车身朝向左方。在距标志线约 30 cm 时，踩下离合器踏板，向右快速回转方向并停车。

第一次倒车，起步后继续把方向向右转到底，并边倒车边向左回转转向盘。当车尾距后标志线 50 cm 时，迅速向右转向并停车。

第二次前进，起步后向右继续转向，然后向左回正方向，使装载机前进至适当位置停车。

第二次倒车，注意修正方向，使装载机正直停在右侧库中。

（2）装载机从右侧（乙库）移向左侧（甲库）。

操作要领与装载机从左侧（甲库）移向右侧（乙库）基本相同。

4. 倒车进库

1）场地设置

倒车进库场地设置如图 4-22 所示。

车库长 = 车长 + 40 cm

车库宽 = 车宽 + 40 cm

库前路宽 = 2.5 倍车长

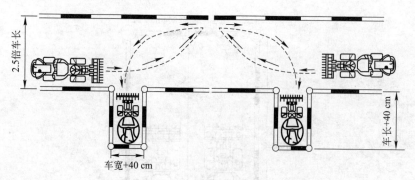

图 4-22　倒车进库场地设置

2）操作要领

（1）前进。装载机以低速挡起步，先在靠近车库一侧的边线行驶，当前轮接近车库门右桩杆时，迅速向左转向，前进至斗齿距边线约 100 cm 时，迅速并适时地回转转向盘，同时立即停车。

（2）后退。后倒前，看清后方，选好倒车目标，起步后继续转向，注意左侧兼顾右侧，使其沿车库一侧慢慢后倒。当车身接近车库中心线时，及时向左回正方向，并对方向进行修正，使装载机在车库中央行驶。当车尾与车库两后桩杆相距 20 cm 时，立即停车。

3）注意事项

要注意观察两旁，进退速度要慢，确保不挂不碰；装载机应正直停在车库中间，斗齿和车尾不超出库线。

4.2.4　装载机走合期维护

新装载机或大修后的装载机，在规定的作业时间内的使用磨合期，称为装载机走合期。走合对装载机走合期的正确使用和维护对延长机器的使用寿命，消除故障隐患，避免重大故障的发生具有重要的作用。

1. 走合期要求

（1）新车开始使用的前 100 小时为走合期。

（2）走合期内以装载松散物料为宜，在走合期内装载量不得超过额定装载量的 70%。

（3）走合期内发动机不得高速运转，限速装置不得任意调整或拆除，行驶速度不得超过最高车速的 70%。

（4）按规定准确选用燃油和润滑剂。

（5）起动时，空转 5 分钟，发动机预热到 40 度以上，以平稳低速小油门起步，逐步提高速度。走合期内，各种挡位应均匀安排走合，适时换挡，避免猛烈撞击；作业不得过猛过急，应避免突然起动，突然加速、突然减速和突然转向，使用过程中密切注意变速箱、变矩器、前后桥、轮毂、停车制动器、中间支撑轴以及液压油、发动机冷却液、发动机机油的温度，在装卸作业时严格遵守操作规程。

2. 新车走合 8 小时后的维护

新车走合 8 小时后，应全面检查各部件螺栓、螺母的紧固情况，特别是柴油机气缸盖螺栓、排气管螺栓以及前后桥固定螺栓，轮辋螺母，传动轴连接螺栓，柴油机固定螺栓，变速箱固定螺栓，前、后车架铰接处螺栓的紧固程度。

（1）检查风扇皮带、发动机皮带、空调压缩机皮带的松紧度。

（2）检查变速箱油位、驱动桥油位、柴油机油位。

（3）检查液压系统、制动系统有无泄漏。

（4）检查各操纵拉杆、油门拉杆的连接是否牢固。

（5）检查电气系统各部件温度及连接情况，检查发动机和信号灯等的工作情况。

3. 新车走合期期满后的维护

（1）全面检查各部件螺栓、螺母的紧固情况，特别是柴油机气缸盖螺栓、排气管螺栓以及前、后桥固定螺栓，轮辋螺母，传动轴连接螺栓，柴油机固定螺栓，变速箱固定螺栓，前、后车架铰接处螺栓等，均应检查一次。

（2）检查风扇皮带、发动机皮带、空调压缩机皮带的松紧度。

（3）检查液压系统、制动系统有无泄漏。

（4）更换变速箱传动油、驱动桥润滑油。

（5）更换变速箱油精滤器，清洗变速箱油粗滤器。

（6）清洗液压油箱的回油滤芯。

 能力训练项目

1. 变速箱油检查及更换

1）变速箱油位检查

变速箱加油口在车架铰接处右侧，油位计在变速箱加油管前端，如图 4-23 所示。

（1）变速箱油位检查步骤。

① 将机器停放在平坦的场地上，变速操纵手柄置于空挡，拉起停车制动按钮，装上转向架的锁紧装置，防止机器移动和转动。

② 起动发动机并怠速运转 3~5 分钟，检查变速箱油位计，正常变速箱油位处于"HOT"与"COLD"刻度之间，如图 4-24 所示。

1—加油口；2—油位计。

图 4-23　变速箱加油口与油位计

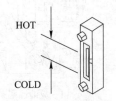

图 4-24　变速箱正常油位

③ 如果油位刻度在"HOT"位置之上，则通过松开变速箱底部的放油螺塞放出多余的变速箱油，如果油位刻度在"COLD"位置之下，则应添加部分变速箱油至正常油位。

注意：冷车起动前应先进行冷油平面的检查；油位过低或过高，都会造成变速箱损坏；

检查时保持清洁，不能让脏物进入变速箱系统，以免造成变速箱损坏。

（2）更换变速箱油

机器首次使用达到100小时后，必须更换变速箱油，以后每1 000工作小时更换变速箱油，每年至少要更换一次变速箱油，更换变速箱油的操作步骤如下。

① 将装载机停放在平坦的场地上，变速操纵手柄置于空挡位，拉起停车制动按钮，装上转向架的锁紧装置，以防止装载机移动和转动。

② 起动发动机，并在怠速下运转，在变速箱油温达到工作温度（80~90 ℃）时，发动机熄火。

③ 拧开变速箱左侧下部的放油螺塞进行排油，并用容器盛接。

④ 拧开变矩器油散热器下方的放油螺塞进行放油，并用容器盛接，然后拧开变矩器油散热器上方的放气螺塞加快放油速度。

⑤ 用磁铁清理干净放油螺塞上附着的铁屑，并清理变速箱内壁的铁屑。

⑥ 安装好变速箱放油螺塞和变矩器油散热器下方的放油螺塞及相应的密封件。

⑦ 拧开变矩器油散热器上方的加油螺塞，从变矩器油散热器加油口加入干净的变速箱油，在变速箱油充满散热器后，拧上放气螺塞和加油螺塞。

⑧ 拧开变速箱加油口盖，从加油管加入干净的变速箱油，变速箱油位应处于油位计"HOT"位置。

⑨ 起动发动机运转，约5分钟后停机检查油位计，油位应在"HOT"与"COLD"刻度之间，如果油位超过"HOT"位置，请放油；如果油位在"COLD"位置之下，请加油。沿顺时针方向，拧紧加油口盖。

2）变速箱油粗滤器和精滤器的更换

（1）更换粗滤器。

粗滤器如图4-25所示。

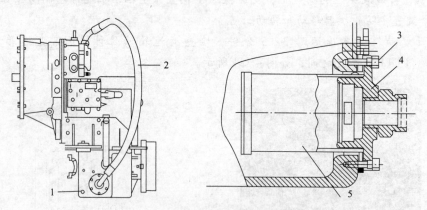

1—放油螺塞；2—吸油软管；3—螺栓；4—压盖；5—粗滤器。

图4-25　粗滤器

更换粗滤器步骤如下。

① 拆下变速箱后部右侧的放油螺塞，将变速箱油池内的油液排放干净。

② 拆除吸油软管。

③ 松开螺栓，并取下压盖，取出粗滤器，用干净的压缩空气或燃油进行清洗并晾干。

④ 重新安装清洗过的粗滤器。

注意：排放的变速箱油池内的油液应妥善处理，以免造成对环境的污染。

（2）更换精滤器

精滤器如图 4-26 所示。

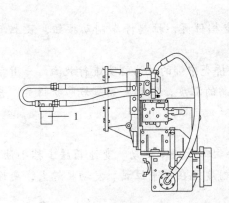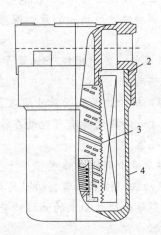

1—精滤器；2—O 形圈；3—滤芯；4—壳体。

图 4-26 精滤器

更换精滤器步骤如下。

① 使用皮带扳手将壳体松开并拆下。

② 松开滤芯。

③ 更换新的滤芯及 O 形圈。

④ 重新安装壳体并拧紧。

⑤ 按整机加油方法及油量对整机重新加油。

2. 驱动桥油的检查和更换

1）检查驱动桥油

① 将装载机开到平坦的场地上，慢慢地移动装载机，使其中一根驱动桥的轮边端面的放油螺塞处在水平位置，由于前后驱动桥的放油螺塞不可能同时处在水平位置，因此前后驱动桥的油位要分两次来检查。

② 将变速操纵手柄置于空挡位置，拉起停车制动按钮，以防止装载机移动。

③ 将驱动桥两侧轮边放油口螺塞附近的区域清理干净，拆下放油口螺塞观察，驱动桥内部的油位应处在放油口的下边沿。如果油位低于放油口的下边沿，则应添加干净的驱动桥油。加油后应观察 5 分钟左右，如果油位保持稳定即可。

④ 拧上放油螺塞，如图 4-27 所示。

⑤ 按上述操作进行另一根驱动桥的油位检查。

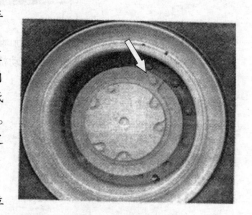

图 4-27 放油螺塞

2）更换驱动桥油

更换驱动桥油方法如下。

① 先开动装载机行驶一段时间，让桥壳内沉淀的杂质充分悬浮起来。然后将装载机开到平坦的场地上，慢慢地移动装载机，使得其中一根驱动桥的轮边断面放油螺塞处在最低位置。由于前后驱动桥轮边端面的放油螺塞不可能同时处在最低位置，因此前后驱动桥要分两次进行换油。

② 发动机熄火，变速操纵手柄置于空挡位置，拉起停车制动按钮，装上车架固定杆，以防止装载机移动。

③ 拧下驱动桥轮边两端面放油螺塞和桥壳中部的放油螺塞进行放油，并用容器盛接好。

注意： 由于此时驱动桥有可能处在较高的温度，因此要穿戴好防护用具，并小心操作，以免造成人身伤害。

④ 拧上驱动桥中部的放油螺塞。

⑤ 起动发动机，按下停车制动器的按钮释放停车制动。变速箱挂1挡小油门缓慢地移动装载机，使得桥轮边端面上的油位检查刻度处在水平位置。发动机熄火，变速箱挂空挡，拉起停车制动器按钮。

⑥ 从桥轮边两端面的放油口加入干净的驱动桥油，直至油液面到达前桥轮边两端面放油口下边缘。加油后应观察5分钟左右，如果油位保持稳定即可。

⑦ 拧上前驱动桥轮边两端的放油螺塞。

⑧ 按上述操作，更换另外一根驱动桥的桥油。

驱动桥中部的加油口和放油口如图4-28所示。

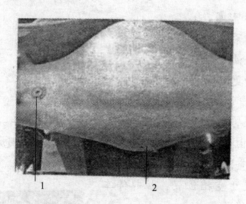

1—驱动桥中部的加油口：2—驱动桥中部的放油口。

图4-28 驱动桥中部的加油口和放油口

任务 4.3　装载机基本作业与维护

 **学习内容**

装载机基本作业、日维护、周维护。

 **学习目标**

知识目标：知道装载机基本作业的内容和方法，知道装载机日维护和周维护的内容。
能力目标：掌握装载机基本作业，能进行维护装载机的日维护和周维护。
素质目标：规范、文明、协调、沟通。

4.3.1　装载机基本作业

1. 装载机作业前准备

装载机进行作业前，先对作业场地进行平整，削除凸起，填平凹坑，铲除湿滑地面表层的操作障碍并且清理场地上大的以及尖锐的石块以免轮胎被划伤；如果要用装载机对卡车或料斗进行物料装卸，要根据卡车或料斗的高度，调整动臂提升限位装置的限位高度，使得装载机的铲斗能安全地进出卡车或料斗；如果要用装载机进行除雪，要根据雪的堆积特征以及除雪过程中斗内积雪的变化情况，调整除雪斗两端之间的高度，以便充分利用除雪斗导壁的高度。

2. 装载机的基本作业过程

装载机的基本作业过程如图 4-29 所示。

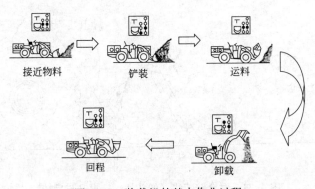

图 4-29　装载机的基本作业过程

3. 装载机基本作业操作

1）铲装作业

（1）普通铲装法。

普通铲装法（铲斗插入与后转），如图 4-30 所示，适用于铲装松散的物料，装载机以前进 2 挡速度接近物料，以铲斗中部对准料堆，司机左手扶方向盘，右手操作工作装置操纵杆，将动臂下降到离地面 50 cm 左右，在机器离料堆 100 cm 左右时再下降动臂，使铲斗与地面接触并且保持铲斗底部与地面平行，并将机器由前进 2 挡变为前进 1 挡，踩下油门踏板，使铲斗全力插入料堆；在机器无法再前进时，司机向内侧扳动一下转斗操纵杆，将铲斗向后转动一下，再将转斗操纵杆推回中位，这时机器会继续向前插入料堆，重复进行这样的插入和转斗的操作，直至铲斗装满物料。

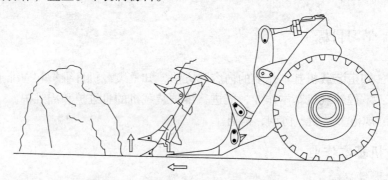

图 4-30　普通铲装法（铲斗插入与后转）

（2）联合铲装法。

联合铲装法（铲斗插入、提升与后转），如图 4-31 所示，适用于铲装较为坚硬或黏性较大的物料，在铲斗插入物料前的操作与普通铲装法相同。在铲斗插入料堆后不能再前进时，司机右手向后扳动一下动臂操纵杆，再扳回中位，使铲斗向上提一下，铲斗因此往前插入一段距离，然后司机向内侧拔动转斗操纵杆一下，再扳回中位，使铲斗向后转动一下，铲斗因此能继续向前插入。重复进行这样的插入、提斗、插入、转斗操作，直至铲斗装满物料。

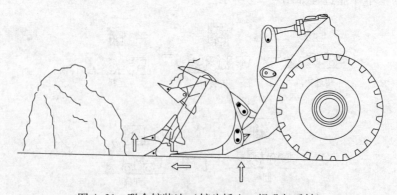

图 4-31　联合铲装法（铲斗插入、提升与后转）

2）从料堆退出

在铲斗装满物料后，司机操作转斗操纵杆，将铲斗向后转动，直至铲斗上的挡块与动臂相碰，然后将转斗操纵杆扳回中位，此时可获得最大收斗角。

将动臂举升到一定高度，使机器后退时铲斗可以避开料堆。司机右手扶着方向盘，左手将变速操纵手柄往后扳到倒挡位置，操纵机器后退。在机器退出料堆后，司机操作动臂操纵杆将动臂下降到动臂下铰点离地面 50 cm 左右。

3）物料运输

在以下情况时，可采用装载机自行搬运：路面过软，没有经过平整的场地，不能使用载重汽车时；搬运距离在 500 m 以内时。

搬运时，保持动臂下铰接点在运输位置，即距离地面 50 cm 左右，并且铲斗向后转到限位位置（铲斗上的限位块碰到动臂），这样可以保证搬运作业平稳安全，且不易散料。搬运时禁止将铲斗提高到较高位置进行运输作业，否则有可能会造成机器的倾翻。

4）卸料作业

（1）向卡车或料斗卸料。

装满物料的装载机在距离卡车或料斗 15 m 时，司机应放松油门踏板，以低速接近卡车或料斗；操纵工作装置操纵杆使动臂持续上升到达限位高度，动臂停止上升；在铲斗位于卡车或料斗上方时，踩下制动踏板，使机器停下来；将转斗操纵杆向外侧推，使铲斗往前倾翻将物料倒进卡车或料斗里。如果卡车车身长度是铲斗宽的两倍以上，则卸料应从车身的前部开始。

卸料时，铲斗限位块与动臂撞击的力量不宜过大，撞击的次数不宜过多，以免损坏机器。装载机卸料完毕，司机将转斗操纵杆向内侧扳到最高位置，铲斗向后持续转动，直至铲斗放平，此时控制手柄自动返回中位；将变速手柄扳到后退位置，使铲斗离开卡车或料斗。在铲斗完全离开卡车或料斗后，司机就可以操作装载机边行走边下降动臂，以准备下一个作业循环。向卡车卸料如图 4-32 所示。

图 4-32　向卡车卸料

（2）低位卸料。

在进行场地间搬运物料时，有时会进行低位卸料，即铲斗在离地面较低处卸料。此时，卸料完毕后，司机应先向后转动铲斗至水平位置，再进行提升动臂的操作。

5）推运作业

铲斗平贴地面（如图 4-33 所示），司机将变速操纵手柄放在前进 1 挡或前进 2 挡位置，踩下油门踏板使机器向前推进；推进中如发现阻碍车前进的障碍时，可稍微提升动臂继续前进；操纵动臂升降时应微量控制动臂操纵杆，使动臂小幅度下降和上升，以保证推运作业的顺利进行。

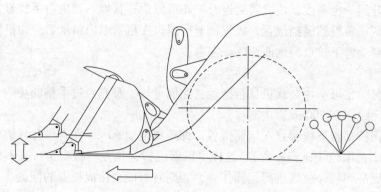

图4-33　装载机推运作业

6）刮平作业

如图4-34所示，司机提升动臂，并使铲斗向前翻转直至斗齿触及地面。对硬质路面，动臂操纵杆应放在浮动位置，对软质路面应放在中位；变速操纵手柄放在后退1挡或后退2挡位置，踩下油门踏板使机器向后退，用斗齿刮平地面。

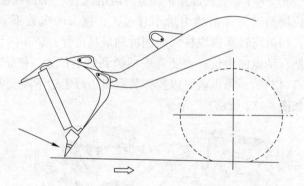

图4-34　刮平作业

3. 装载机作业方法

1）V形作业法

如图4-35所示，装载机正对料堆，卡车与装载机行驶方向夹角成60°，在距离料堆12～15 m处停止不动。装载机装满物料后，直接后退到离料堆12～15 m处，然后一边转向，一边驶向卡车，可以同时提起铲斗。卸完物料后装载机再退回原处，进行下一次铲装。

2）穿梭作业法

穿梭作业法主要用在装载机与车队的联合作业上，如图4-36所示。装载机装满物料后往后退出2个或3个卡车宽度的距离，然后卡车从一侧行驶到装载机前面停下，装载机再往前走，并提升动臂，卸完物料后装载机往后退回原位。如果卡车没装满，则卡车往前走一个车位，装载机进行下次铲装后，退回到原位，未装满的卡车则后退到装载机前面，装载机再进行卸料，如此重复进行，直至卡车装满，再进行下一辆卡车的装卸。此作业方法，要求装载机和卡车的司机要相互熟练配合，必要时使用喇叭、灯光或手势进行联络。

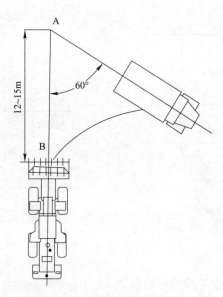

图 4-35 V 形作业法

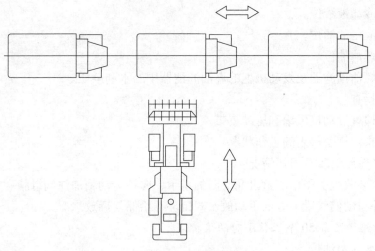

图 4-36 穿梭作业法

3）T 形作业法

如图 4-37 所示，卡车与工作面平行，但距离工作面较远，装载机铲装物料后，倒退并调转 90°，再反方向调转 90°，驶向卡车卸料。

4）L 形作业法

如图 4-38 所示，卡车垂直于工作面，装载机铲装物料后，倒退并调转 90°，然后驶向卡车卸料，卸料后倒退并调转 90°，驶向料堆再进行下次铲装。该作业法在运距小，作业场地比较宽广时，装载机可同时与两台卡车配合作业。

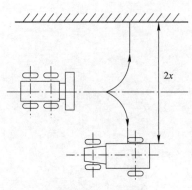

图 4-37 T 形作业法

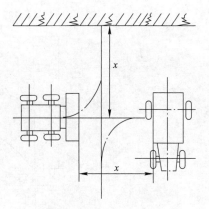

图 4-38 L 形作业法

4.3.2 装载机维护

1. 每天的维护或每 10 个工作小时的维护

（1）检查蓄电池及蓄电池开关。

（2）检查发动机机油油位。

（3）检查冷却液液位。

（4）检查液压油油位。

（5）检查燃油油位。

（6）排除燃油预滤器及发动机上的燃油滤清器中的水和杂质。

（7）巡回检查。

（8）目测检查发动机风扇和驱动皮带。

（9）检查指示灯及仪表的工作状况。

（10）检查轮胎气压及损坏情况。

（11）按照装载机上张贴的整机润滑图的指示，向各传动轴加注润滑脂。

（12）向外拉动储气罐下方的手动放水阀拉环，给储气罐放水。

2. 每周的维护或每 50 个工作小时的维护

（1）检查变速箱油位。

（2）第一个 50 工作小时，检查停车制动器的制动蹄片与制动鼓之间的间隙，如不合适则进行调整。以后每 250 工作小时检查一次。

（3）紧固所有传动轴的连接螺栓。

（4）安装空调的装载机，需要清理驾驶室内部空气（蒸发器回风）过滤器和驾驶室外部空气（新风）过滤器上的杂物及灰尘，必要时应进行清洗；检查压缩机传动皮带的松紧度，检查冷凝器上是否有油污、泥垢，杂物等影响冷凝器向外散发热量。

（5）保持蓄电池的接线柱清洁并涂上凡士林，避免酸雾对接线柱的腐蚀。

（6）检查各润滑点的润滑状况，按照装载机上张贴的整机润滑图的指示，向各润滑点加注润滑脂。

（7）检查加力器油杯的油位（适用于安装空气罐的装载机）。

3. 每两周的维护或每100个工作小时的维护

（1）第一个100工作小时，更换变速箱油，以后每1 000工作小时更换变速箱油。如果工作小时数不到，每年也至少更换一次变速箱油。每次更换变速箱油的同时，更换变速箱油滤油器，并且清理干净变速箱油底壳内的粗滤器以及变速箱滤油器内部滤网与密封圈，并且清理干净变速箱油底壳内的粗滤器。

（2）第一个100小时工作日更换驱动桥齿轮油，以后每1 000工作小时更换驱动桥齿轮油，如果工作小时数不到，每年也至少要更换驱动桥齿轮油一次。

（3）清扫发动机缸头和散热器组。

（4）清洗燃油箱加油滤网。

（5）检查制动加力器油位。

 能力训练项目

一、制动系统检查与维护

1. 加力器油位检查

（1）将机器停驻在坚硬、干燥、平坦的地面上。

（2）打开发动机罩，旋转打开加力器盖，检查加力器油杯的油位，如图4-39所示。

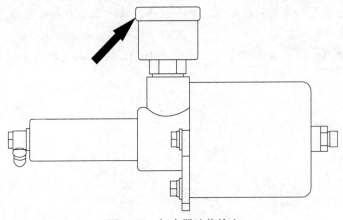

图4-39　加力器油位检查

（3）如果油杯油位低于油杯内滤网面，则需要加注合成制动液，直至油位与油杯内滤网面平齐。

2. 停车制动器检查

第一次检查停车制动器的时间为使用的第一个50小时，以后每250小时检查一次，以保证机器有良好的制动性能。停车制动器位于变速箱输出轴前端，如图4-40所示。

1）调整停车制动器间隙检查

（1）将机器停驻在水平地面上，关闭发动机，装上转向架锁紧装置。

（2）按下停车制动按钮，释放停车制动器，解除制动。

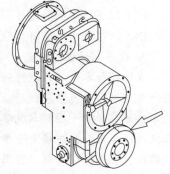

图4-40　停车制动器

（3）用塞尺测量制动蹄与制动鼓之间的间隙，测量间隙为 0.15~0.22 mm。

（4）当测量间隙不在 0.15~0.22 mm 时，转动调整杆调节制动蹄与制动鼓之间的间隙，如图 4-41 所示。

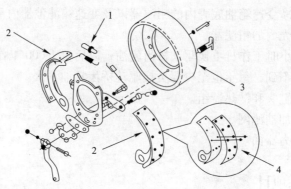

1—调整杆；2—制动蹄；3—制动鼓；4—制动蹄摩擦片。

图 4-41　停车制动器结构

（5）当不能通过调整杆调节制动蹄与制动鼓间隙满足上述范围时，更换制动蹄摩擦片。

（6）多次操作停车制动手柄，检查机器在斜坡上的制动性能。

2）停车制动器性能检验

（1）将机器轮胎气压调整到规定值，铲斗放平，离地面 300 mm 左右，并且确认机器具有良好的行车制定性能。

（2）起动发动机，将机器正对着开上坡度为 10°12′ 的斜坡（路面要保持平坦干燥），如图 4-42 所示。

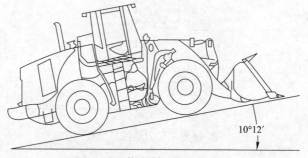

10°12′

图 4-42　停车制动器性能检验

（3）踩下行车制动踏板，停好机器。将变速操纵杆置于空挡位置，然后熄灭发动机。

（4）拉起停车制动器按钮，慢慢松开行车制动器踏板，检查机器是否移动。

3. 行车制动性能检验

在进行行车制动性能检验前，应保证机器行车制动系统工作正常，以便在紧急情况时使用停车制动器进行紧急制动。

机器在平直干燥的水泥路面上，以 32 km/h 的速度行驶，踩下行车制动踏板完全制动，在机器停下来后，先将变速操纵手柄推到空挡位置，拉起停车制动按钮，然后再松开行车制动踏板，检查车子的制动距离，制动距离应不大于 15 m。以 32 km/h 的速度行驶，点式制动，应迅速出现制动现象，且不跑偏。

4. 夹钳排气

制动系统中的油路如果进入气体，会影响夹钳的制动性能，因此，在更换夹钳零件、拆卸和安装油路管路及清洗系统时，需要对夹钳进行排气，排气步骤如下。

（1）将机器停在平直的路面上。

（2）将变速手柄放在空挡位置上，起动发动机，怠速（800 r/min 左右）运行，接通停车制动按钮。

（3）行车制动气压表达到 0.271~0.784 MPa，将发动机熄火，再将起动开关（也称电锁）接通。

（4）在前桥左右夹钳的排气嘴上套上透明的胶管，胶管的另一端放入盛油盘中。

（5）两人配合，一人在驾驶室里面向下踩制动踏板并保持不动，另一人负责拧松排气嘴 0.25~0.50 圈，观察排气情况，然后拧紧排气嘴，松开制动踏板。多次重复以上操作，直至观察到排气嘴排出无气泡的液柱为止，此时已经排尽所有气体，紧固排气嘴。

（6）排气时，及时检查加力器油杯油量，如果不足，补充制动液，以免空气再度进入系统。

（7）排气过程中观察夹钳是否漏油，如果漏油及时处理。

（8）按照同样方法，对后桥左右夹钳进行排气。

5. 空气罐手动放水阀检查

（1）将机器停在平地上，拉起停车制动器，连续踩下和松开行车制动踏板，释放掉空气罐中的气压。

（2）用手向上推动放水阀，给空气罐放水，松手后放水阀自动关闭。当发现水呈线状流出时，应立即更换干燥桶。

注意在油污灰尘较恶劣的环境下，应每两周检查一次手动放水阀。

二、加注润滑脂

用二硫化钼锂基润滑脂润滑各个销轴，以保证各活动部件运转灵活，延长其使用寿命。

ZL50CN 轮式装载机整机润滑点分布图如图 4-43 所示，整机使用的润滑油牌号为 3 号二硫化钼锂基润滑脂。各润滑点的润滑周期为：整机每工作 10 小时或一天，加注润滑油的润滑点为 4、5、8、9、10、11，整机每工作 50 小时或一周，润滑其余各点。

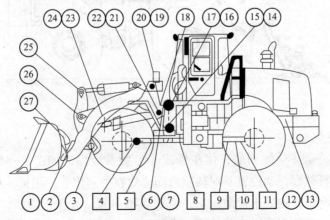

图 4-43　ZL50CN 轮式装载机整机润滑点分布图

任务 4.4 装载机推运作业、刮平作业和季节维护

 学习内容

装载机推运作业、刮平作业和季节维护。

 学习目标

知识目标：知道推运作业、刮平作业的要点和季节维护的内容。

能力目标：会使用装载机进行推运作业、刮平作业，会进行季节性维护。

素质目标：协调、配合、规范、文明。

4.4.1 装载机推运作业和刮平作业

1. 装载机推运作业

推运时，下降动臂使铲斗平贴地面，如图 4-44 所示。发动机中速运转，向前推进、如果阻力过大时，可稍升动臂，此时，动臂操纵杆应在上升与下降之间随时调整，不能扳至上升或下降的任一位置不动。同时，不准扳动铲斗操纵杆，以保证推土作业顺利进行。

图 4-44 装载机推运作业

2. 装载机刮平作业

刮平作业时，将铲斗前倾到底，使斗板或斗齿触及地面，如图 4-45 所示。对硬质地面，应将动臂操纵杆放在浮动位置；对软质地面应放在中间位置，用铲斗将地面刮平。为了进一步平整，还可将铲斗内装上松散土壤，使铲斗稍前倾，放置于地面，倒车时缓慢蛇行，边行走边铺撒压实，以便对刮平后的地面再进行补土压实。

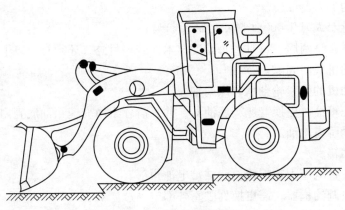

图 4-45　装载机刮平作业

4.4.2　装载机季节维护

1. 1 个月的维护或每 250 工作小时的维护

除每日、每周、每两周技术保养项目外，还须补充以下项目。

（1）检查轮辋固定螺栓的拧紧力矩。

（2）检查变速箱和发动机的安装螺栓的拧紧力矩。

（3）检查工作装置，前后车架各受力焊缝及紧固定螺栓是否有裂纹及松动。

（4）检查前后桥油位。

（5）检查空气滤清器服务指示器。如果指示器的黄色活塞升到红色区域或空气滤清器堵塞报警灯亮，就应清洁或更换空气滤清器滤芯。

（6）检查发动机的进气系统。

（7）更换发动机机油和机油滤清器。

（8）更换发动机冷却液滤清器。

（9）第一个 250 工作小时，更换液压系统回油过滤器滤芯，以后每 1 000 工作小时更换压系统回油过滤器滤芯。

（10）检查发动机驱动皮带、空调压缩机皮带张力及损坏情况。

（11）安装了空调的机器，需检查空调储液罐里的冷媒是否充足。

（12）安装了空调的机器，需清洁驾驶室内部及外部空气过滤器。

（13）检测行车制动能力及驻车制动能力。

（14）检查制动加力器油位。

（15）检查蓄电池电压状态。

2. 3 个月的维护或每 500 工作小时的维护

除每日、每周、每两周、每月技术保养项目外，还须补充以下项目。

（1）检查防冻液浓度和冷却液添加剂浓度。

（2）紧固前后桥与车架连接螺栓。

（3）更换燃油预滤器和发动机上的粗滤器、滤油器。

（4）检查车架铰接销的固定螺栓是否松动。

（5）检查制动加力器油位。

3. 6 个月的维护或每 1 000 工作小时的维护

除每日、每周、每两周、每月、每季度技术保养项目外，还须补充以下项目。

（1）调整发动机气门间隙。

（2）检查发动机的张紧轮轴承和风扇轴壳。

（3）更换变速箱油，更换变速箱滤油器，并且清理干净变速箱油底壳内的过滤器。

（4）更换驱动桥齿轮油。

（5）清洗燃油箱。

（6）拧紧所有蓄电池固定螺栓，清洁蓄电池顶部。

（7）安装了空调的机器，需更换驾驶室外部空气过滤器。

4. 9 个月的维护或每 1 500 工作小时的维护

除每日、每周、每两周、每月、每季度技术保养项目外，还须补充以下项目。

（1）更换液压系统回油过滤器滤芯。

（2）更换液压系统先导油滤滤芯（适用于安装先导油滤的机器）。

（3）更换液压系统吸油过滤器滤芯。

能力训练项目

一、空气滤清器维护

1. 空气滤清器保养指示器检查

发动机空气滤清器保养指示器位于空气滤清器上，如图 4-46 所示。

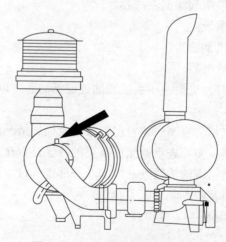

图 4-46 空气滤清器保养指示器

（1）发动机熄火，打开发动机罩，即可见空气滤清器保养指示器。

（2）当指示器的黄色活塞升到红色区域，应保养空气滤清器滤芯。

2. 空气滤清器主滤芯清洁与更换

仪表盘上如装有发动机空气滤清器堵塞报警指示灯，当指示灯亮时，应对发动机空气滤清器进行维护。

（1）关闭发动机，打开发动机罩。

（2）拆下空气滤清器的外盖，如图4-47所示。

（3）沿壳体方向旋转，取出主滤芯，如图4-48所示。

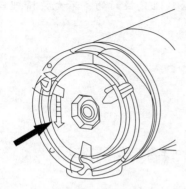

图4-47 空气滤清器外盖

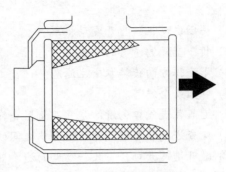

图4-48 取出主滤芯

（4）检查主滤芯。

① 如果褶皱处、密封垫损坏，则需更换主滤芯。

② 如果主滤芯无损坏，则清洁主滤芯。

（5）清洁空气滤清器壳内壁。

（6）清洁主滤芯，用压缩空气（压力不大于300 kPa）由内向外反吹主滤芯，如图4-49所示。

注意： 禁止用压缩空气由外往内吹主滤芯，禁止使用油、水清洗主滤芯！清洁主滤芯时不能敲打，否则会导致发动机损坏。

（7）主滤芯清理后，应用电灯检查，如图4-50所示。如发现其上有小孔或微粒，应更换一个新的主滤芯。

图4-49 用压缩空气清洁主滤芯

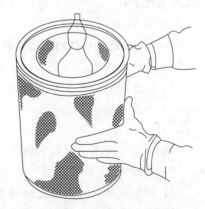

图4-50 用电灯检查空气滤清器主滤芯

将干净的主滤芯安装到空气滤清器壳内，确保主滤芯与壳体均匀密封并安装到位。

（8）清洁并安装好空气滤清器的盖子，保证空气滤清器的密封垫与空气滤清器壳均匀接触。

（9）关闭发动机罩。

注意：主滤芯在清洗保养四五次后，必须更换新滤芯，在清洗保养主滤芯时，禁止拆装安全滤芯。

3. 空气滤清器安全滤芯更换

在更换安全滤芯时，应同时更换主滤芯，安全滤芯只能更换新的，不允许清理后再次使用。

（1）关闭发动机，打开发动机罩。

（2）拆下空气滤清器的外盖。

（3）沿壳体方向旋转取出主滤芯。

（4）取出安全滤芯。

（5）遮盖住进气口，清洁空气滤清器壳内壁。

（6）检查进气管与空气滤清器壳体之间的密封垫，如密封垫损坏则需更换。

（7）敞开进气开口，安装一个新的滤清器安全滤芯。

注意：必须使安全滤芯端面上的密封圈均匀接触，密封良好。

（8）安装新的主滤芯，并安装好空气滤清器的外盖，拧紧卡子，使空气滤清器壳体的盖子固定可靠。

（9）关闭发动机罩。

4. 发动机进气系统检查

检查发动机进气管道有无破裂的软管，松动的管夹或刺孔，根据需要旋紧或更换部件，以确定进气系统没有泄漏。

二、燃油系统检查与维护

1. 检查燃油油位

ZL50CN轮式装载机的燃油油位表位于驾驶室仪表总成上，共分为两个区域，1表示燃油油位为满箱，0表示燃油油位为0。燃油油位指示低于0.2时，应及时添加燃油。当燃油油位低于0.2时，应预留足够的时间，开至加油站进行加油。

2. 补充燃油

ZL50CN轮式装载机的燃油箱位于驾驶室右侧下方。

（1）发动机熄火。

（2）打开驾驶室平台右侧的加油口盖。

（3）加注燃油。

3. 清洗燃油箱

加油口滤网和燃油箱应定期进行清洗，燃油箱可按以下方法进行清洗。

（1）如图4-51所示，拆下柴油箱前端的法兰盖，用干净柴油冲洗油箱内表面。

（2）拧开燃油箱下面的放油螺塞，将油排掉。

（3）反复冲洗燃油箱，直至排出的油干净为止。

4. 清除燃油箱水分及杂质

如果燃油中混有水或脏物，燃油泵和喷油嘴将不能正常工作，并且磨损加快，应采取措施消除燃油中的水分和杂质。

（1）条件允许下，柴油在加入燃油箱之前，应进行24小时的沉淀。

（2）加油前，每星期一次，拧开燃油箱底部的放油螺塞将燃箱底部的水分和杂质排出。

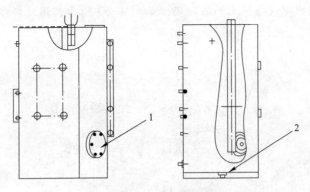

1—法兰盖；2—放油螺塞。

图 4-51 清洗燃油箱

（3）每天工作结束后加满柴油，将燃油箱内的湿空气排出。

（4）每次加满燃油箱后，应停留 5~10 分钟，再起动发动机，以便柴油中的水分和杂质沉淀到燃油箱底部。

（5）每天工作后，拧松柴油预滤器（粗滤器）、柴油滤清器（精滤器）底部的排水塞，将水分和杂质排出。

5. 清洗燃油箱滤筒

（1）关闭发动机。

（2）取下燃油箱加油口盖，检查密封件有无损坏，必要时更换密封件。

（3）从燃油箱加油口取出滤筒，检查滤筒，必要时更换。

（4）用干净的不可燃溶剂清洗加油口盖及滤筒，将加油口盖及滤筒甩干或用压缩空气彻底吹干。

（5）安装加油口盖及滤筒。

6. 更换柴油滤清器、柴油预滤器

（1）先把柴油滤清器周围区域及安装座清理干净，用皮带扳手把柴油滤清器从安装座上卸下来，如图 4-52 所示。

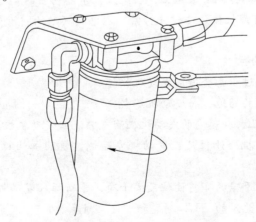

图 4-52 拆下柴油滤清器

（2）取下安装座的螺纹接头上的密封垫，如图4-53所示，用无纤维布清理干净安装座的密封面。

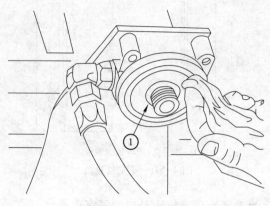

图4-53 取下密封垫

（3）将一个新的密封垫安装到柴油滤清器安装座的螺纹接头上，在柴油滤清器的密封面涂上一层发动机机油，将柴油滤清器充满干净的柴油，如图4-54所示。

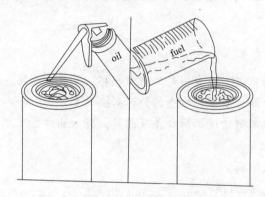

图4-54 给滤清器涂抹机油和加柴油

（4）用手把柴油滤清器拧到安装座上，在柴油滤清器的密封垫刚接触到安装座后，再拧紧1/2~3/4圈即可，不可用机械方法过分拧紧，以免损坏柴油滤清器。

三、润滑系统维护

1. 检查发动机机油油位

发动机的机油过多或过少都会造成发动机损坏。

（1）将机器开到平坦的场地，将发动机熄火。

（2）等待10分钟，让曲轴箱内的发动机机油充分流回发动机机油盘。

（3）打开发动机罩，机油油位尺在发动机左后侧，机油加油口在发动机右后侧，如图4-55所示。

（4）拔出油位尺，用干净的布将油位尺擦干净，重新插入发动机油位口到尽头，再拔出来检查油位，油位应在油为尺的"L"刻度和"H"刻度之间。

（5）如果油位在"L"刻度之下，请补充机油，如果有位在"H"刻度之上，请拧松机油油盘底部的放油螺塞，放出部分机油，如图4-56所示。

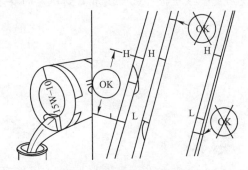

1—机油油位尺；2—机油加油口。

图 4-55　机油油位尺与机油加油口位置

图 4-56　合适的机油油位

2. 更换发动机机油

（1）将机器停在平坦的场地上，运转发动机，直到水温达到 60℃

（2）发动机熄火，拉起停车制动器。

（3）拆下发动机机油盘底部的放油螺塞，将油放出，并用容器盛好，如图 4-57 所示。更换机油滤清器。

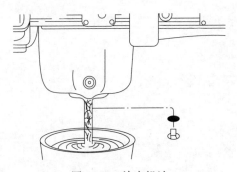

图 4-57　放出机油

（4）拧紧放油螺栓，再从发动机机油加油口加注干净的机油到油位尺刻度"H"处。在怠速下运转发动机，检查机油滤清器和放油螺丝是否有泄漏。

（5）发动机熄火，等待 10 分钟左右，让机油充分回流到机油盘，再次检查发动机油位，如果机油不足，请补充机油直到油位尺刻度"H"处。

3. 更换发动机机油滤清器

（1）清理干净机油滤清器安装座附近的区域。

（2）使用皮带扳手拆下机油滤清器。

（3）用干净的布清理干净安装座上密封垫接触表面。如果旧的O形密封圈粘在安装座上，应将其去除。

（4）安装上新的O形密封圈，在机油滤清器内充满干净的机油，并在密封垫表面涂上一层干净的机油（安装前在机油滤清器内充满干净的机油，如果安装一个空的机油滤清器，发动机会因为缺少润滑油而损坏）。

（5）将机油滤清器安装到安装座上，用手拧紧使机油滤清器密封垫表面接触安装座，再使用皮带扳手拧紧机油滤清器到规定的要求。

任务 4.5　装载机铲运作业、铲掘作业及年维护

学习内容

装载机铲运作业、铲掘作业及年维护。

学习目标

知识目标：知道铲运作业与铲掘作业的要点、年维护的内容。
能力目标：会使用装载机进行铲运作业和铲掘作业、会对装载机进行年维护。
素质目标：协调、配合、规范、文明。

4.5.1　铲运作业

铲运作业运距不超过 500 m。运料时，动臂下铰点应距地面 40~50 cm，并将铲斗上转至极限位置。行驶速度根据运距和路面条件决定，如路面较软或凸凹不平，应采用低速行驶，防止行驶速度过快引起过大的颠簸而损坏机器。回程时，对行驶路线可进行必要的平整。运距较长而地面又较平整时，可用中速行驶，以提高作业效率。

铲斗满载越过土坡时，要低速缓行，上坡时，适当地踏下油门踏板，当装载机到达坡顶重心开始转移时，适当放松油门踏板，使装载机缓慢地通过，以减小颠簸振动。

4.5.2　铲掘作业

铲掘一般路面或有沙、卵石夹杂物的场地时，应先将动臂略为升起，使铲斗前倾。前倾的角度根据土质而定，铲掘Ⅰ级、Ⅱ级土壤时，一般为 5°~10°，铲掘Ⅲ级以上土壤时为 10°~15°；然后一边前进一边下降动臂使斗齿着地，这时前轮可能浮起，但仍可继续前进，并及时上转铲斗使物料装满，如图 4-58 所示。

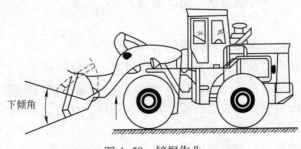

下倾角

图 4-58　铲掘作业

铲掘沥青等硬质地面时，通过操作装载机前进、后退，铲斗前倾、上转，互相配合，反复多次逐渐铲掘，每次铲掘深度为 30～50 cm，如图 4-59 所示。

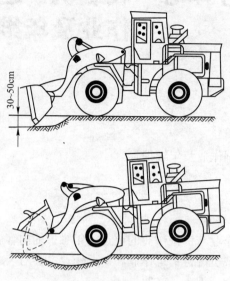

图 4-59　铲掘硬质地面

如图 4-60 所示，在土坡进行铲掘时，应先放平铲斗，对准物料，低速前进铲装；边上转铲斗边升动臂逐渐铲装；铲装时不能快速向物料冲击，以防损坏机件。

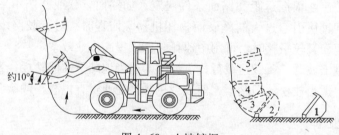

图 4-60　土坡铲掘

4.5.3　每年维护或每 2 000 工作小时维护

除每日、每周、每两周、每月、每季度、每半年技术保养项目外，还须补充以下项目。

（1）更换冷却液、冷却液滤清器，清洗冷却系统。如果工作小时数不到，至少每两年更换一次冷却液。

（2）更换液压油，清洗油箱，检查吸油管。

（3）检查行车制动系统及驻车制动系统工作情况，必要时拆卸检查摩擦片磨损情况。

（4）通过测量油缸的自然沉降量，检查分配阀及工作油缸的密封性。

（5）安装了空调的机器需检查空调制冷管和水管是否有裂纹以及是否被磨破或被油污发泡，检查管接头和管箍是否松动。

（6）安装了空调的机器，需更换驾驶室内部空气过滤器。

（7）检查转向系统的灵活性。

能力训练项目

一、冷却系统检查与维护

1. 检查冷却液液位

冷却液位于机器尾部的水散热器中，冷却液液位检查方法如下。

（1）必须等待发动机冷却液的温度降到50℃以下，再慢慢拧开水散热器加水口盖（如图4-61所示），释放压力，以免被高温蒸汽或喷洒出的高温冷却液烫伤。

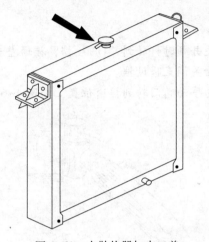

图4-61　水散热器加水口盖

（2）检查冷却液液位是否位于加水口下1 cm范围内，必要时补充冷却液。

（3）检查水散热器加水口盖的密封，如果损坏则应更换。

（4）拧好水散热器加水口盖。

2. 检查防冻液浓度和冷却液添加剂浓度

注意： 在机器出厂前已被注进能耐-30℃低温的防冻液。

如果预测气温会降到0℃以下时，请在冷却液中加入适合当地气候条件的防冻液，如果只能获得防冻液原液，则需要用软化后的水进行配比混合，混合的比例请参见防冻液原液配比说明。壳牌防冻液原液、水所占比例及适用温度见表4-2。

表4-2　壳牌防冻液原液、水所占比例及适用温度

防冻液所占比例	水所占比例	温度
30%	70%	-15℃
34%	66%	-20℃
39%	61%	-25℃
41.8%	58.2%	-30℃
45%	55%	-35℃

在加入防冻液前，使用折射仪精确地测量混合均匀的防冻液冰点，以保证防冻液适应当地的最低温度，凭经验配制的防冻液只是大概的一个范围，折射仪测量才是准确的，可以有

效地避免散热器和发动机被冻裂损坏。

注意！不同生产厂家的防冻液不能混合使用。

冷却液中必须含有添加剂（SCA）。添加剂可以防止与冷却液接触的发动机零件生锈、结垢、点蚀和腐蚀。过低浓度的添加剂起不到作用，过高浓度的添加剂会对发动机带来负面的影响，可能会导致水泵泄漏以及冷却系统焊料和铝部件的腐蚀。

冷却液中添加剂的浓度应维持在3%左右。防冻液中已含有添加剂，但添加剂在发动机的使用过程中会被消耗，应每500工作小时或六个月检测一次添加剂的浓度，并通过定期更换冷却液滤清器来补充添加剂。

3. 添加冷却液

（1）接通电源负极开关。

（2）将钥匙插入起动开关并顺时针转到"ON"挡，接通整车电源。

（3）将空调系统的转换开关调至暖风挡。

（4）将发动机进水管上的手动阀门转到接通位置，如图4-62所示。

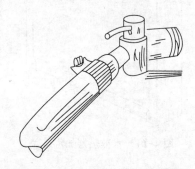

图4-62　发动机进水管手动阀接通

（5）打开水散热器加水口盖，将冷却液缓慢加入，直至液面到达水散热器加水口下1 cm范围内为止，并且10~15分钟保持稳定。

（6）保持水散热器加水口盖打开，起动发动机，先在低怠速下运转5~10分钟，再在高怠速下运转5~10分钟，并且使冷却液温度达到85℃以上。

（7）发动机怠速，再次检查冷却液液位，如有必要，补充冷却液直至液面到达水散热器加水口下1 cm范围内。

（8）检查水散热器加水口盖的密封，如果有损坏请更换。

4. 更换冷却液

在每2 000个工作小时或两年（以先到为准）应彻底更换冷却系统的冷却液，并清洗冷却系统。在此前，如果冷却液被污染、发动机过热或散热器中出现泡沫时，应该清洗冷却系统。

当冷却液被污染、发动机过热、散热器中出现泡沫时，通过冷却系统中冷却液添加剂和防冻剂冰点测试，确定冷却液是否必须更换，如果超过冷却液更换极限表中的任意一项允许的水平值，必须更换冷却液。

清洗冷却系统的操作步骤如下。

（1）接通电源负极开关，将钥匙插入起动开关并顺时针转到第一挡，接通整车电源。

（2）将空调系统的转换开关调至暖风挡。

（3）将发动机的进水管上的手动阀门转到接通位置，如图4-59所示。

（4）起动发动机，急速运转5分钟后将发动机熄火，再把起动开关转到第一挡，接通整车电源，空调系统的转换开关处在暖风挡，使空调的电磁水阀处在打开状态。

（5）必须等到冷却液温度降到低于50℃后，再慢慢拧开水散热器加水口盖，释放压力。

（6）打开水散热器底部的放水阀门，将发动机的冷却液排出，并用容器盛接。

（7）在发动机冷却液排干净后，关上散热器底部的放水阀门。

（8）检查冷却系统的所有水管、管夹是否损坏，如有必要进行更换。检查水散热器是否有泄漏、损坏和脏物堆积，根据需要进行清洁和修理。

（9）向发动机冷却系统中加入用水和碳酸钠混合配制成的清洗液，其混合比例是每23 L水中加入0.5 kg碳酸钠。液位应到达发动机正常使用的液位，并且10~15分钟内保持稳定。

（10）保持水散热器加水口盖打开，起动发动机，当冷却液温度上升到80℃以上时，再运行发动机5~10分钟。

注意！当冷却液温度不能达到80℃以上时，请用硬纸片将水散热器加水口盖上。

（11）关闭发动机，排放清洗液。

（12）向发动机冷却系统加入干净水到正常使用液位，并保持10~15分钟不变化。保持水散热器加水口盖打开，起动发动机，当冷却液温度上升到80℃以上时，再运行发动机5~10分钟。

（13）关闭发动机，将冷却系统中的水排干净。如果排出的水仍是脏的，必须再次清洗系统，直至排出的水变得干净。

（14）更换新的冷却液滤清器，关闭所有的泄放阀。然后按照前述的"冷却液添加"操作步骤加入新的冷却液。

二、液压系统检查与维护

1. 检查液压油油位

（1）检查前保证液压油缸、液压管路，散热器等液压部件都充满液压油。

（2）将机器开到平坦的场地，前后车架对直无夹角。

（3）收斗至极限位，发动机全速提升动臂至最高位。

（4）整机急速将动臂操纵杆推至"下降"位，使动臂匀速下降至最低位，把铲斗水平放到地面上，然后熄火并取下钥匙，前后左右推动操作杆卸压。

（5）在液位计无气泡的情况下，检查液压油箱液位计，此时油位应在液位计中绿色范围内，即"max"线和"min"线之间。

（6）检查油位时，液位计有气泡的情况下若发现油液液面高出液位计绿色范围，即油位在最高油位线以上，也不能放油，需等气泡消除后，按第（5）步要求检验。

（7）如果油位低于绿色范围，必须及时补充液压油，然后按上述检查方法重新检查。

（8）缓慢松开液压油箱空气滤清器盖，如图4-63所示，以释放压力，取下滤清器盖。

（9）添加液压油，并检查液压油箱液位计，液压油位应在液位计中间刻度上下15 mm刻度范围内，如图4-64所示。

（10）安装滤清器盖。

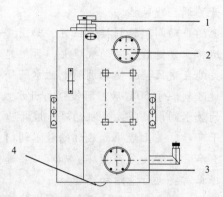

1—空气滤清器盖；2—回油滤油器盖；3—吸油滤油器盖；4—放油螺塞。

图4-63 液压油箱

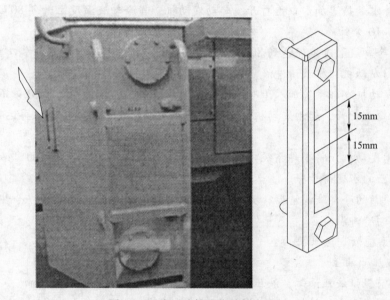

图4-64 液压油箱液位计刻度范围

2. 更换液压油

注意！ 在更换液压油操作过程中，应十分注意液压油清洁度，不能让脏物进入液压系统内。

（1）将机器停放在平坦空旷的场地上，拉起停车制动按钮，装上转向架锁紧装置。

（2）起动发动机，并在怠速下运转10分钟，其间反复多次进行提升或下降动臂，前倾或后倾铲斗等动作，使液压油升温。

（3）最后将动臂举升到最高位置，将铲斗后倾到最大位置，发动机熄火。

（4）将铲斗操纵杆往前推，使铲斗在自重作用下往前翻，排出转斗油缸中的油液；在铲斗转到位后，将动臂操纵杆往前推动，动臂在自重作用下往下降，排出动臂油缸中的油液。

（5）清理液压油箱下面的放油口，拧开放油螺塞，如图4-65所示，排出液压油，并用容器盛接，同时拧开加油口盖，加快排油过程。

（6）拆开液压油散热器的进油管，排干净散热器内残留的液压油。

（7）从液压油箱上拆下液压油回油过滤器顶盖，取出回油滤芯，更换新滤芯，如图4-65所示。打开加油口盖，取出加油滤网清洗。

（8）拆下油箱侧面的法兰盖，用柴油清洗液压油箱底部及四壁，最后用干净的布擦干。

（9）将液压油箱放油螺塞、回油过滤器及顶盖、加油滤网、液压油散热器的进油管安装好。

（10）拆下液压油散热器上部的回油管，从液压油散热器回油口加入干净的液压油，加满后装好液压油散热器回油管。

图4-65　液压油回油过滤器顶盖

（11）从液压油箱的加油口加入干净的液压油，使油位达到液压油油位计的上刻度，拧好加油盖。

（12）拆除转向架的锁紧装置，起动发动机。操作工作装置操纵杆，进行两三次升降动臂和前倾、后倾铲斗以及左右转向到最大角度，使液压油充满油缸、油管。然后在怠速下运行发动机5分钟，以便排出系统中的空气。

（13）发动机熄火，打开液压油箱加油盖，添加干净液压油至液压油箱液位计的2/3刻度处。

3. 更换受到严重污染的液压油

如果由于工作条件恶劣或者液压油受到严重污染而发生变质，如颜色发黑、油液发泡，请及时更换液压油，更换方法如下。

（1）将机器停放在平坦空旷的场地上，拉起停车制动按钮，装上转向架的锁紧装置。

（2）起动发动机，并在怠速下运转10分钟，其间反复多次进行提升或下降动臂、前倾或后倾铲斗等动作，使液压油升温。

（3）将动臂举升到最高位置，将铲斗后倾到最大位置，发动机熄火。

（4）将铲斗操纵杆往前推，使铲斗在自重作用下往前翻，排出铲斗油缸中的油液，在铲斗转到位后，将动臂操纵杆往前推，动臂在自重作用下往下降，排出动臂油缸中的油液。

（5）清理液压油箱下面的放油口，拧开放油螺塞，排出液压油，并用容器盛接。同时拧开加油口盖，加快排油过程。

（6）拆开所有管子的一端，以排出转向油缸、液压油散热器及各种管子内残留的液压油。

（7）排油结束后，装上液压油箱下面的放油口螺塞和所有拆开的管子。

（8）打开液压油箱加油口盖，加入干净液压油至液位计下刻度。

（9）按照前述的液压系统更换液压油程序，再进行一次换油，并更换回油滤芯，清洗加油滤网，液压油箱。

4. 清洗液压油箱空气滤清器

（1）旋转打开空气滤清器盖（如果空气滤清器盖装有锁板，将锁板竖立起来，盖子沿递时针方向旋转到下一个卡位，同时将盖子往外移，取下滤清器盖），拧出滤清器的安装螺栓，取出滤清器的滤芯。

（2）用干净的不可燃溶剂清洗滤清器盖和滤芯，甩干或用压缩空气将滤清器盖和滤芯彻底吹干。

（3）安装滤清器滤芯及滤清器盖。

5. 更换液压油箱吸油滤芯

第一次更换液压油箱吸油滤芯的时间为250小时，以后每1 000小时更换液压油箱吸油滤芯。

（1）拧开液压油箱底部的放油螺塞，排出液压油，并用容器盛接。

（2）拆下吸油滤油器端盖和O形圈，取出吸油滤芯，如图4-63所示。

（3）安装一个新吸油滤芯、新O形圈，然后安装吸油滤油器端盖及放油螺塞。

6. 更换液压油箱回油滤芯

（1）拧开液压油箱底部的放油螺塞，排出液压油，并用容器盛接。

（2）拆下回油滤油器端盖和O形圈，取出回油滤芯，如图4-63所示。

（3）安装新回油滤芯、新O形圈，然后安装回油滤油器端盖及放油螺塞。

7. 清洗液压油箱

（1）发动机熄火。

（2）拧开液压油箱底部的放油螺塞，排出液压油，并用容器盛接。

（3）拆下回油滤油器端盖，取出回油滤芯和O形圈。正确处置回油滤芯和O形圈。

（4）拆下吸油滤油器端盖，取出吸油滤芯和O形圈。正确处置吸油滤芯和O形圈。

（5）安装吸油滤油器端盖和O形圈。

（6）通过回油滤油器端盖口，用柴油冲洗液压油箱底部及四壁，最后用干净的布擦干。

（7）用液压油再次冲洗液压油箱底部及四壁。

（8）拆下吸油滤油器端盖和O形圈，安装一个新吸油滤芯和新O形圈，然后安装吸油滤油器端盖。

（9）安装放油螺塞、新回油滤芯，新O形圈、回油滤油器端盖。

项目5　装载机故障检修技术

项目引领

　　由于材料、工艺、零件老化以及人为因素等的影响，装载机在使用过程中不可避免地出现各种各样的故障，因此熟悉装载机常见故障现象，分析故障原因，由浅入深、由表到里、由易到难进行故障诊断及排除，才能延长机器使用寿命。

任务 5.1　转向系统故障检修技术

 **学习内容**

装载机故障诊断方法；装载机全液压转向系统出现故障后的诊断与检修。

 **学习目标**

知识目标：了解装载机常见故障类型、诊断方法，了解装载机全液压转向系常见故障类型，分析全液压转向系典型故障原因。

能力目标：对全液压转向系统进行检测，以确定故障的原因、部位并正确排除，使装载机可以正常转向。

素质目标：严谨、认真、诚信、善于沟通。

5.1.1　装载机故障诊断基础知识

1. 装载机故障的成因

装载机在使用过程中，由于某一种或几种原因，使动力性、经济性、可靠性和安全性发生变化，逐渐或突然破坏了正常状况而发生故障。装载机发生故障的因素如下。

（1）装载机设计制造上的缺陷或薄弱环节造成的故障。只通过对产品结构和工作原理进行了解，把所有可能故障因素都分析出来，然后根据故障产生是突然的还是逐渐的，是单一故障还是多种相关联故障来排除一些不可能的因素，然后由表及里，由简到繁逐一拆检，直到找出故障的各种因素，加以排除。

（2）配件质量问题造成的故障。由于配件质量问题使装载机产生的故障比较多，所以必须对装载机的各种部件的构造及工作原理充分了解。

（3）装载机燃料和润滑油选用不合理造成的故障。合理选用装载机燃料和润滑油料是保证装载机正常作业的必要条件，例如，变矩器和变速箱用的液压油若选用不当，会造成变矩器系统油温过高，而带来一系列的故障。

（4）燃料、润滑油品质不佳等原因造成的故障燃料品质润滑油料品质不佳、使用不善，不执行计划预防的保养制度或保养质量不佳都会造成装载机故障。

2. 装载机常见故障及危害

要顺利地排除装载机故障，就必须首先熟悉装载机的常见故障。

1）工况突变

工况突变指装载机工作状况突然出现的不正常现象，这是比较常见的故障。例如，发动机熄火后再发动较困难，甚至不能起动；装载机在行驶中动力性突然降低而使进铲无力；装载机行驶中突然制动失灵或跑偏，作业中突然动臂举不起负荷等。这些故障现象明显，容易察觉，但因成因复杂，工况的突变往往是由渐变到突变，因此在诊断时，必须认真分析追溯突变前有无可疑现象，去伪存真，判别故障原因。

2）声响异常

有些故障可以引起装载机发动机或底盘传动部分的不正常响声，这种故障不很明显，需要细心观察。有些声响异常的故障能酿成机件严重损坏的大事故，因此必须认真对待。但靠异常响声去判断故障原因，需要有长期的实践经验，例如，声响沉重并伴随明显的震抖现象，多为恶性故障，应立即停机并查明原因。

3）过热现象

过热现象通常表现在发动机、变矩器、驱动桥和制动器总成上。正常情况装载机工作一定时间，这些总成均应保持一定的工作温度，例如，发动机过热，多属冷却系统有故障，会引起发动机的恶性事故；驱动桥过热多为缺少润滑油所致，如不及时排除将引起齿轮及轴承等件磨损；变矩器及变速器的液压油过热，会引起离合器摩擦片磨损及变形等，因此对待过热现象，必须引起重视，查找原因并予以排除。

4）三漏现象

三漏指漏气、漏油、漏水，这些明显现象直接观察可以发现，必须及时排除，以免引起其他故障。

5）润滑油料消耗异常

润滑油消耗异常，除了外漏原因，还可能由于内漏引起，例如，有可能因工作液压泵的轴端油封损坏而使工作箱的油内漏到变速箱中，因此应注意经常观察各油箱的油位。

6）特殊气味

装载机作业中，有些异常会散发特殊气味，例如，部件过热而使润滑油烧焦，会散发出一种特殊气味。因此，发觉异常气味时应立即停车查明故障。

3. 装载机故障的诊断方法

装载机故障原因复杂，有的故障原因多达几十项，例如，装载机牵引力不足，产生的原因有10余种，可能涉及发动机、变矩器、动力换挡变速器、液压操纵系统、驱动桥、制动系统等，这些因素有时是单一的，有时是综合交替起作用，因而要做到准确而迅速地诊断出故障的原因比较困难的。这就要求维修人员必须熟悉装载机整机各系统、各部件的构造及其工作原理，还要有一定的实践经验。在有条件的情况下，尽量应用检测仪器或设备进行诊断。

装载机故障的常用诊断方法大致可分两大类。

1）直观诊断

直观诊断，即通过观察和感觉（问、看、听、嗅、摸、试）以及简易工具诊断。

"问"就是调查，维修人员在诊断前，必须先问明情况，如装载机故障发生前有何预兆，是突变还是渐变，近期保养情况等。

"看"就是观察，例如，观察发动机的排烟情况，再结合其他情况分析，就可以判断发动机的工作状况。

"听"就是凭听觉判别装载机有无异常响声。

"嗅"就是凭借装载机运行中发出的某些特殊的气味，判断故障原因，这对于诊断电系线路、摩擦衬套等处的故障简便有效。

"摸"就是用手触试可能产生故障部位的温度、振动情况，从而判断出齿轮啮合间隙是否过小，轴承是否过紧等故障。

"试"就是试验验证，例如，诊断人员可亲自试车去体验故障的部位，可用更换零件或部件的方法来证实故障的部位。

2）客观诊断

客观诊断，即仪具诊断，采用检测设备、仪器和专用工具，通过检测装载机的结构参数和工作参数来确定故障，目前电子技术诊断越来越多地应用于装载机故障诊断。

实际维修中两种诊断方法常常是综合应用。

5.1.2 全液压转向系统常见故障类型及原因

在全液压转向系统故障原因分析时，首先要知道泵的输出流量与发动机的转速有关；液压系统压力值与液压系统所受的负载有关；溢流阀过低的调定压力可以导致转向的无力，过高的调定压力可导致元件或密封的损坏；油液泄漏与油缸活塞的密封、各个阀内的间隙及密封、单向阀等锥阀与阀座的配合有关；转向时间与系统泄漏量、泵的磨损、泵的转速有关等相关结构原理。

1. 转向沉重

转向沉重指全液压转向的轮式装载机转动方向盘很费力。

1）故障现象

（1）慢转方向盘时较轻松，快转方向盘时沉重。

（2）慢转和快转方向盘时均沉重，并且转向时无力。

（3）空负荷或轻负荷转向时方向盘较轻，增加负荷时沉重。

2）故障原因

如图 5-1 所示，转向沉重表明动力转向失效，多为转向器、液压油油质、先导油路等方面的原因。

转向器计量马达　　　　转向泵内泄漏严重　　　　转向器单向阀钢球丢失
螺栓拧得过紧

图 5-1　转向器损伤部件

（1）液压系统内含有空气。

（2）油温过低。

（3）先导油路堵塞。

（4）先导油路连接不对。

（5）转向泵压力低。

（6）全液压转向器计量马达部分螺栓拧得过紧。

（7）转向器单向阀钢球丢失。

（8）转向泵内泄漏严重。

（9）转向器安装不符合要求。

2. 转向速度慢

1）故障现象

（1）装载机转向变慢，不灵敏。

（2）转向阻力小时转向正常，阻力大时转向变慢。

2）故障原因

（1）若是装载机左右转向都慢，可能存在以下原因。

① 转向泵流量不足。

② 流量放大阀阀杆移动不到头。

③ 流量放大阀主阀杆的复位弹簧失效。

（2）若是装载机一边转向快一边转向慢，可能是流量放大阀两端调整垫片个数不符合要求。

（3）若是转向阻力小时转向正常，阻力大时两边转向都慢可能存在以下原因。

① 流量放大阀内主油路溢流阀阀座渗漏大。

② 流量放大阀内调压阀渗漏大。

③ 流量放大阀内梭阀渗漏大。

（4）若是转向阻力小时转向正常，阻力大时转向变慢，可能原因是流量放大阀内梭阀渗漏大。

3. 转动方向盘车子不转向

产生该现象的原因如下。

（1）转向器有故障。

（2）先导油路溢流阀故障。

（3）主油路溢流阀故障。

（4）先导油路泄漏。

4. 车子高速运转时转向太快

产生该现象的原因如下。

（1）流量控制阀调整不符合技术要求。

（2）流量放大阀阀杆动作不灵。

（3）流量放大阀阀杆两端计量孔被堵或孔位置不对。

5. 转向泵噪声大，转向缸动作缓慢

产生该现象的原因如下。

（1）转向油路内有空气（打开油箱看油中是否有气泡）。

（2）转向泵磨损，流量不足。

（3）油的黏度不足。

（4）液压油不足。

（5）控制油路溢流阀的调定压力不符合要求。

（6）转向油缸内漏。

6. 司机不操作，方向盘自转

产生该现象的原因为全液压转向器阀套卡死或全液压转向器弹簧片折断。

5.1.3 全液压转向系统常见故障拆装检测

1. 装载机转向系统初步检查

装载机转向系统出现故障后，应先将装载机发动机熄火，并把动臂及铲斗降至地面，对转向系统及其元件进行检查。

（1）检查液压油箱的油位是否正常。

（2）观察液压油箱中油液的气泡情况：在机器刚刚停止时，用容器从油箱中取油样，观察油样中的气泡情况。

（3）拆除滤油器，观察油液的沉淀物情况。

（4）检查所有的管路及接头，看看是否有渗漏和损坏。

在测试和调整转向系统时，必须把机器放在平整的水平地面上，远离正在作业的人群和机器。只能一人单独操作装载机，其他人员跟机器保持一定的距离以防意外发生。

2. 系统调整

1）转向时间调整

将机器停在一般水泥路面上，高速原地空载转向，如果左右转向时间差超过 0.3 s，按以下步骤进行调整：

（1）将流量放大阀（如图 5-2 所示）上的端盖拆下。

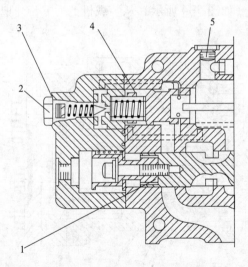

1—调整垫片；2—螺塞；3—调整垫片；4—调整垫片；5—螺塞。

图 5-2　流量放大阀

（2）增加调整垫片 1 可使右转向时间减少以及左转向时间增加，减少调整垫片 1 其结果相反。

（3）调整完毕后将端盖安装好。

2）安全阀压力调整

压力太低，造成转向油缸的推力小于车轮的转向阻力，因此无法转动车轮，而且操作费力。按以下步骤调整安全阀压力。

（1）安装好保险杠，使前后车架不能相对转动。

（2）拧下流量放大阀螺塞（如图5-3（a）所示），拧开装上压力表（如图5-3（b）所示）。

螺塞

(a) 流量放大阀　　　　　　　　　　　　　　　　　(b) 压力表

图5-3　安全阀压力调整

（3）起动发动机，并使其高速空转。

（4）转动方向盘，直至安全阀打开，此时压力表指示应为（16±0.3）MPa。

（5）如果压力不正确，可将流量放大阀螺塞拧下，增加或减少调整垫片，增加垫片可使安全阀压力增加，否则安全阀压力减小。

（6）拧上螺塞，拆去压力表、保险杆。

3. 全液压转向器拆装检修

1）拆卸

（1）将全液压转向器（如图5-4所示）从装载机上拆下，并把外部清洗干净。

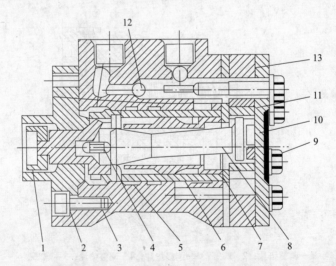

1—连接块；2—前盖；3—阀体；4—弹簧片；5—拨销；6—阀套；7—阀芯；8—联动轴；
9—转子；10—后盖；11—隔盘；12—钢球；13—定子。

图5-4　全液压转向器

（2）拧下螺栓，拆下前盖。

（3）取出推力轴承、阀套（取下销轴、阀芯、弹簧等）。

（4）拆下后盖、取出限位柱、转子、定子、联轴器。

（5）取下隔板、螺套和钢珠。

2）零件检验

拆卸下来的零件应先清洗后检验。

（1）检测阀体与阀套的间隙，如果磨损超限，阀套和阀体应全套更换。

（2）检测计量泵转子、定子，以及各齿之间的齿侧隙的间隙。

（3）检查单向阀，全液压转向器内的单向阀是一钢球，压力油进入转向器后顶起钢球封闭回油口，在熄火后才落下，让油箱的油液补入全液压转向器以满足人力转向的需求。钢球卡死或因磨损封闭不严时，压力油直接流回油箱，无法进入转向油缸，造成转向沉重的后果。如钢球磨损严重，应更换新钢球。

（4）隔板、限位柱、后盖的工作面应平滑，不应有划痕和凹陷，必要时可磨光修复。

3）全液压转向器的组装与调整

在组装前，确保所有零件都应冲洗干净，将阀体及盖、端面的残留油污及划痕磨掉，并将所有零件润滑，更换所有密封圈。

（1）将阀芯、定位弹簧、拨销轴、装有合适的调整垫圈的阀套和推力轴承装入阀体内。

（2）阀芯的轴向间隙不小于 0.05 mm，阀套的轴向间隙为（1±0.025）mm，可用调整垫片进行调整。

（3）将钢珠、螺套装入止回阀孔内。

（4）将隔板（平的一面朝上）、工作定子、转子、限位柱装在壳体上。

（5）放上 O 形圈，装上后盖，将螺栓拧紧，其拧紧力矩为 23~26 N·m，分 2~3 次对角均匀拧紧。底部螺栓拧得太紧，计量马达转动困难，转动方向盘会感到吃力。

（6）装好后，将指令轴向左和向右迅速旋转，判断和检查吸入止回阀内滚珠的运动是否正常。判断的根据是滚珠在阀座内转动时发出的声音。

注意：将拨销的方向对准转子的凹槽。拨销的方向在联动轴底部做有标记，因此只要将标记对准转子的凹槽即可。

4）拆检及注意事项

（1）液压转向系统各总成及元件，在出厂时均已调整合适，拆检时，要遵守操作规程，按照正确顺序拆装。拆装时，一定认真细致，不能碰伤、划伤零件的工作表面，以免影响元件的工作性能。

（2）液压元件在拆装时，如果对转向器、转向油缸、转向泵及流量放大阀等进行拆装，须注意保护密封件，如果对 O 形橡胶密封圈、矩形橡胶密封环、防尘圈、活塞环等，特别是橡胶密封圈进行拆装，不允许划伤或挤伤橡胶表面，如果发现有划伤、挤伤或变形，则须更换新件。

（3）对管路及阀、泵、缸等转向系统液压元件进行拆装时，必须用堵塞随时将各油孔堵住，以免泥沙、铁屑等落入造成元件损坏。

（4）在各元件装配时，务必注意清洁，不允许金属屑、泥沙、纱头等混入，装配前一定要仔细的用煤油清洗，用压缩空气吹净，并涂上工作油液进行装配。

（5）在进行软管及接头的拆卸时，应先确认里面的残余压力已经完全消除，方可进行操作。

能力训练项目

装载机全液压转向系统故障检修

如图 5-5 所示，ZL50G 型轮式装载机采用流量放大转向系统，由流量放大阀、转向器、限位阀、转向泵、溢流泵、先导泵、压力选择阀、转向缸（转向油缸）等组成。在使用过程中，有时转向沉重，请分析故障原因，尝试提出故障诊断排除方法。

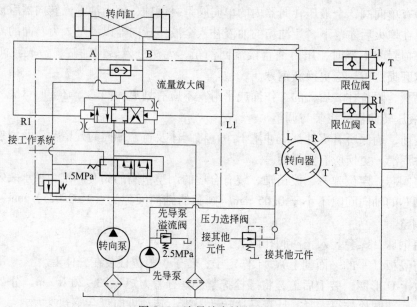

图 5-5 流量放大转向系统

[提示]

转向沉重的原因包括：先导系统或转向系统压力不符合要求；管路连接错误，管接头堵塞；吸油管路进气、漏油；液压缸内漏。

排除的方法：在进行系统压力测定前将整机停放在平整的地面上，放下动臂、放平铲斗，发动机熄火；在测量先导压力前，将动臂放到最低位置，铲斗收到最大收斗角位置；在测量转向压力前拆掉液压限位用的顶杆。用量程为 10 MPa 的压力表测量先导系统的压力，正常的先导压力为发动机怠速时不低于 2.2 MPa，高速时不高于 5 MPa；用量程为 25 MPa 的压力表测量转向系统的压力，发动机高速时，转向系统压力应达到 15 MPa。如果以上两种压力不符合规定值，就需要重新调整。

调整的方法：松开溢流阀锁紧螺母，用专用工具调整螺套，顺时针旋动时先导压力变大，逆时针旋动时先导压力变小。调转向压力时，可将流量放大阀端盖拧下，调节调压螺杆进行压力调整。往里调压力变大，往外调压力变小。另外，还要检查管路连接。重点检查先导泵回油管路以及限位阀回油管路的连接是否正确，管接头不能有堵塞，液压缸不能有内漏。将转向缸活塞收到底，拆下无杆腔油管，使有杆腔继续充油。若无杆腔油口有较多油液泄漏，说明活塞密封环已经损坏，应更换；如果转向缸内泄，一般转向系统压力会降低，同时转向无力。

任务 5.2　工作液压系统故障检修技术

学习内容

装载机工作液压系统出现故障后的诊断与检修。

学习目标

知识目标：了解装载机工作液压系统常见故障现象，会分析工作液压系统典型故障原因。

能力目标：能检测装载机工作液压系统，以确定故障的原因、部位并正确排除，使装载机可以正常作业。

素质目标：严谨认真、诚信、善于交流沟通。

5.2.1　工作液压常见故障现象及原因

在分析装载机工作液压系统故障原因时，首先要知道，导致故障的根本原因是压力或流量达不到工作液压系统要求；其次还应该了解系统各部件的工作原理及作用，知道工作液压系统调定压力过低可以导致动臂提升或铲掘的无力，调定压力过高可导致元件或密封的损坏；懂得动臂及转斗操作系统中的液压油泄漏与油缸活塞的密封、各个阀内的间隙及密封、单向阀等锥阀与阀座的配合有关；懂得工作循环时间与系统泄漏量、泵的磨损、泵的转速有关等知识。

1. 工作装置无法动作

工作装置无法动作的原因如下。

（1）分配阀滑阀杆卡死。

（2）分配阀主溢流阀弹簧失效，调定压力过低。

（3）分配阀主溢流阀卡死，系统压力不足。

（4）先导泵内漏严重。

（5）组合阀中溢流阀卡死或调压弹簧失效，先导控制压力不足。

（6）组合阀中减压阀阀杆卡死或调压弹簧失效。

（7）组合阀中单向阀锥阀密封不严，动臂大腔通油箱。

2. 工作装置动作无力

工作装置动作无力的原因如下。

（1）液压油箱油位不足。

（2）液压油液污染严重。

（3）工作泵吸油不畅。

（4）油缸密封件损坏，内漏严重。

（5）工作泵内漏严重。

（6）分配阀阀杆磨损，内漏严重。

（7）分配阀主溢流阀弹簧失效，调定压力过低。

（8）组合阀中溢流阀卡死或调压弹簧失效，先导控制压力不足。

3. 动臂下沉或转斗掉斗

动臂下沉或转斗掉斗的原因如下。

（1）油缸密封件损坏，内漏严重。

（2）分配阀滑阀杆磨损，内漏严重（如图 5-6 所示）。

（3）分配阀过载阀中单向阀锥阀（如图 5-7 所示）密封不严。

图 5-6　分配阀滑阀杆磨损　　　　图 5-7　过载阀单向阀锥阀

（4）组合阀中单向阀锥阀密封不严，动臂大腔通油箱。

4. 液压油温过高

液压油温过高的原因如下。

（1）液压油箱油位不足。

（2）工作泵磨损严重。

（3）机器工作负载过大，液压系统频繁溢流。

（4）分配阀主溢流阀（如图 5-8 所示）调定压力过低，液压系统频繁溢流。

（5）液压油中含气量。

图 5-8　主溢流阀

5.2.2　工作液压系统常见故障拆装检测

1. 安全提示

在发动机熄火或是泵停止转动时，液压系统仍有可能保持高的油压，在对液压系统的任何操作前，必须释放掉液压系统中的压力。

测试和调整系统时，必须把装载机放在平整的水平地面上并远离正在作业的人群和机械。只能一个人单独操作装载机,其他人员跟机器保持一定的距离以防意外事故发生。

2. 初步检查

出现故障后,对工作液压系统及其元件进行观察是故障检修的第一步。通过对故障的现象和特征利用听、看、闻、测、摸、敲等手段,准确找出原因。在观察之前应先将发动机熄火,并把动臂及铲斗降至地面。

(1)检查液压油箱的油位是否正常。

(2)观察液压油箱中油的气泡情况。在机子刚刚停止时,用一个干净的瓶子等容器从油箱中取一个油样,观察油样中的气泡情况。

(3)检查所有的管路及接头,看看是否有渗漏和损坏。

3. 系统的检查和调整

以 ZL50 轮式装载机工作液压系统为例,在液压系统的检查和操作过程当中,应熟悉工作液压系统的测压点,了解该液压系统正确的流量及压力值,可以通过动臂提升、下降及铲斗前倾的时间,分配阀的释放压力,动臂沉降量等来检查。

1)时间检查

装载机额定载荷,铲斗降到最低位置,柴油机和液压油在正常的操作温度下,踩大油门使柴油机以额定转速运转,操纵分配阀的动臂阀杆使动臂提升到最高位置所需时间应不大于 6.5 s。

柴油机怠速运转,操纵分配阀动臂杆到下降位置,铲斗空载从最高位置下降到地面的时间应不大于 3.6 s。

在相同于铲斗提升的条件下铲斗从最大后倾位置翻转到最大前倾位置所需时间应不大于 1.7 s。

2)系统最大工作压力检查

检查系统最大工作压力时,拧下分配阀进油接头上的螺塞,装上 25 MPa 量程的压力表,然后将动臂提升到水平位置,柴油机和液压油在正常的操作温度下,柴油机以额定转速运转,操纵分配阀转斗滑阀,使铲斗后倾直到压力表显示最高压力,此时表的读数应为 20 MPa。如果有差别,应按如下步骤调整分配阀的主安全阀。

(1)确认切断阀在锁死位置后,拆下螺塞。

(2)确认切断阀在锁死位置后,转动调整螺杆,调整压力。

(3)调整正确后,上紧螺塞。

(4)重复铲斗动作,以便复查调整压力的正确性。

3)转斗大腔安全压力检查与调整

首先,拧下分配阀至转斗油缸大腔油路中的弯管接头上的螺塞,装上 25 MPa 量程的压力表,提升动臂到最高位置,柴油机和液压油在正常操作温度下,柴油机以怠速运转,操纵分配阀转斗滑阀使铲斗转到最大后倾位置后回复中位。然后,操纵分配阀动臂滑阀到下降位置,动臂下降,此时压力表的最大压力应为 22 MPa。如果压力不符,应按如下步骤调整分配阀的转斗大腔过载阀。

(1)拆下锁紧螺母,拧下螺母。

(2)转动调整丝杆,调整压力。

(3)调整正确后,用内六角扳手固定调整丝杆,拧紧螺母,保证丝杆锁紧,然后装上锁紧螺母。

（4）重复铲斗动作，以便复查调整压力的正确性。

4）转斗小腔安全压力检查与调整

拧下分配阀至转斗油缸小腔油路之间的弯管接头上的螺塞，装上 25 MPa 量程的压力表，提升动臂到水平位置，柴油机和液压油在正常温度下，柴油机怠速运转，操纵分配阀转斗滑阀，使铲斗转到最大前倾位置，此时压力表显示压力应为 22 MPa。如压力不符，应按前述方法调整分配阀的转斗小腔过载阀。

注意： 在拧下分配阀至转斗油缸大小腔油路之间的弯管接头上的螺塞之前，应将动臂、铲斗降至地面，然后关闭发动机，反复几次操作先导操纵杆直到确认管路内的残余压力已完全消除。

5）动臂沉降量检查

在铲斗满载时，柴油机和液压油在正常的操作温度下，将动臂举升到最高位置，分配阀置于封闭位置，然后发动机熄火，这时测量动臂油缸活塞杆每小时的移动距离，如果液压元件为良好状态，其沉降量应小于 15 mm/5 min。

 能力训练项目

参照图 5-9，尝试对 ZL50 装载机掉斗原因进行分析，并现场对故障进行诊断排除。

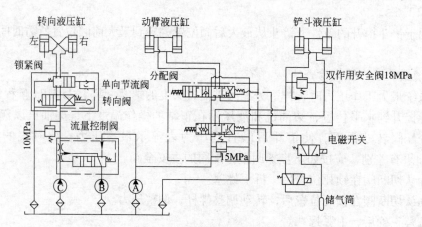

图 5-9   ZL50 装载机液压系统

1. 故障现象

当先导阀的操作手柄处于中位时，铲斗会自动前倾即掉斗。

2. 原因分析

根据工作装置的连杆机构原理，当铲斗处于收斗状态且先导阀的操作手柄处于中位的情况下，由于铲斗的自重，转斗油缸大腔受压。此时只要转斗油缸大腔的压力油向回油口泄漏，则会导致铲斗自动前倾。造成转斗油缸大腔油液向回油口泄漏原因一般有以下几种情况：

（1）转斗油缸大腔至分配阀之间的管件、接头及安装的结合面有明显的外漏。

（2）由于换向阀阀杆被卡、转斗大腔先导阀阀芯由于卡滞未能复位等原因造成分配阀的转斗换向阀阀杆未能回中位，使得转斗油缸小腔与泵口、大腔与回油口相通。

（3）转斗油缸内漏时，转斗小腔相对回油口有泄漏。

（4）由于调压弹簧折断、阀芯有脏物卡在开启位置等原因造成转斗油缸大腔过载阀压力过低。

（5）转斗油缸大腔补油阀有泄漏（由于复位弹簧折断、阀芯有脏物卡在开启位置、阀芯与阀体的结合锥面有脏物或沟槽缺陷、阀体上有沙孔与回油腔相通等造成）。

（6）换向阀芯或阀孔过度磨损，使阀芯和阀孔的配合间隙过大，造成转斗油缸大腔压力油泄漏。

3. 故障检测及排除

1）检查外泄

按照由浅入深、由表及里、由易到难进行故障诊断及排除，围绕以上六种泄漏情况，最简单及最容易检查的是第一种情况：起动机器并将动臂举至一定高度、斗收至最大位置，观察转斗油缸大腔至分配阀之间的管件、接头及安装的结合面（如图5-10所示）等是否有明显的外漏现象发生。

2）检查先导阀

如果第一种情况没有泄漏发生，对第二种情况进行检查：起动机器并操作先导阀手柄将动臂提升至最高位置和斗收至最大位置，然后把发动机熄火，拆除分配阀转斗阀杆两端的转斗先导管（如图5-11所示）。拆除之后如果掉斗现象消失，则可以判定是由于先导阀的原因造成分配阀转斗阀杆不回中位致使掉斗现象发生，应拆检和清洗先导阀或更换先导阀。否则应进行下一步诊断。

图5-10　外泄漏部位

转斗先导管

图5-11　转斗先导管

3）检查转斗油缸

针对第三种情况，按以下步骤进行检查：

（1）起动装载机并操作先导阀手柄使动臂下降到最低位置、铲斗后倾至最大位置。

（2）在发动机熄火后打开转斗油缸小腔软管并将它引回液压油箱。

（3）起动装载机并操作先导阀手柄使铲斗后倾，观察转斗油缸小腔油口是否连续有液压油冒出（如图5-12所示）。如果此时有液压油连续冒出，则说明转斗油缸有严重内漏，需要对该油缸进行拆检维修或更换。

（4）如果该油缸没内漏，应进行下一步诊断。

4）压力检测

（1）用一只量程为0~25 MPa的压力表连接到转斗油缸大腔的测压点上。

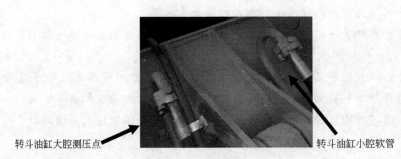

转斗油缸大腔测压点 转斗油缸小腔软管

图 5-12 转斗油缸

（2）起动机器，操作先导阀手柄，使得铲斗处于最大前倾位置。

（3）加大油门并操作先导阀手柄提升动臂的同时，观测压力表在动臂举升过程中的读数应达到技术标定值。否则，转斗油缸大腔补油阀有泄漏或转斗油缸大腔压力油泄漏，应该拆检和清洗转斗油缸大腔过载阀或补油阀。

5）其他检查

上述情况均排除的情况下掉斗现象仍未解决，则应停机，将动臂及铲斗放到最低，拆卸分配阀的转斗阀杆，仔细查看阀杆和阀孔以及它们的配合情况。

任务5.3 电气系统故障检修技术

 学习内容

装载机电气系统出现故障后的诊断与检修。

 **学习目标**

知识目标：了解装载机电气系统常见故障现象、诊断方法、维修方式。

能力目标：能正确分析电气系统常见故障原因，能对装载机电气系统进行正确检测维修。

素质目标：安全意识、严谨认真、诚信、善于交流沟通

5.3.1 装载机电气系统检修方法

装载机工作环境使电气系统会经常受到来自环境的强烈冲击、碰撞，经常会使各部位的零件由于振动产生松动或损坏；电器动作时因机械振动、过电流而导致电器元件绝缘老化、电弧烧灼、自然磨损；环境温度和湿度的影响、有害介质的侵蚀，以及元器件的质量、自然寿命等原因都会使装载机电气系统不可避免地会出现各种各样的故障。电气系统的故障会影响装载机的正常工作，影响装载机作业效率、作业效益，必须及时分析、判断，找出具体故障原因，排除故障，使其能正常作业。电气系统出现故障后，确定故障位置和原因分析是解决故障的关键，一般检修故障的步骤如下。

1. 初步判断

装载机电气系统故障种类一般可分为两类。一类是有明显的外表特征且容易发现的故障，例如，电动机和电气元件的过热、冒烟、打火和发出焦煳味等。这类故障是因过载、绝缘击穿或短路造成的，除修复或更换损坏的元器件之外，还必须查明并排除造成上述故障的原因。

另一类是没有外表特征而较隐蔽的故障，大多数是控制电路的故障，例如，由于调整不当而使装载机动作失灵、触电接触不良、接线松脱以及个别小零件损坏等，线路越复杂，故障概率越大。由于故障较隐蔽，查找比较困难，往往需要测量仪表和工具的帮助。

现代装载机常常是机械、电气和液压三者联合控制的，因此维修电气系统故障不仅要懂得电气知识，同时还要有液压的控制及装载机机械原理方面的知识。

如果属于有明显的外表特征且容易发现的故障，主要通过维修人员的问、看、听、摸对故障进行判断，例如，电气系统发生故障时如果伴随电路出现电火花甚至有烧焦的气味，则代表电路可能发生了短路或者是温度过高。通过直接观察法，能够迅速找到故障点，从而判断出故障产生的原因，进而采取相应的维修办法。

如果此种方法无法判断故障产生原因，则须进行故障的详细排查。

2. 详细排查

1）排查准备工作

进行故障详细排查的前期工作，准备好必需的工具、仪表、设备电路图和其他参考资料等。

2）阅读分析电气系统图

电气系统图包括电气原理图、电气接线图、电气布置图等。排查故障前必须认真查阅与产生故障有关的电气原理图和安装接线图，先看懂电气原理图，再看安装接线图。通过电气原理图分析故障产生的部位及元件，然后通过安装接线图逐步排查故障。例如，照明或信号灯不亮、电磁吸盘没有吸力等，很容易判断出故障所在的电路，然后进一步检查就能发现故障点。

3）控制电路外表检查

对故障所在范围的有关电器元件进行外表检查，往往能发现故障的确切部位，例如，熔断器熔断、接线松脱、接触器或继电器的触点接触不良、线圈烧坏、弹簧脱落以及开关失灵等能明显地表明故障所在。

4）控制电路检查

（1）点段结合检查，是指通过电路的某个点检查否接触良好，或者检查点到点之间的线路元件是否有故障。例如，打开电锁按喇叭时喇叭不响而开转向灯却亮，则表明电锁以上电源供给电路正常，喇叭或喇叭按钮及其线路可能发生故障。

（2）替代检测是用能正常使用的元件代替可能有故障的元件进行检测。例如，某个照明灯不亮时，若保险丝完好，则用能正常使用的照明灯来替代检测。

（3）试灯检查主要用在各种电气设备和控制电路的电源检查方面。例如，某一部件发生故障，可将试灯的一端接通电源端正极，另一端搭铁，如试灯亮，证明电源正常，控制开关或继电器可能发生故障。

（4）试火检查一般只适用于蓄电池单独供电状态下的电路检查。通过接线柱对车体的短时间接触，或者是接线与接线柱的触试，观察有无火花产生，判断电流的供给与畅通情况。如果熟练程度不高或掌握分寸不准时，不能使用试火法，否则会因电流过大而烧毁电子元件或整流器。

如果以上方法无法具体找出产生故障的准确部位和原因，则用电工测量仪表对电路进行电阻、电流和电压等参数的测量。灯不亮，则应检查控制电器、保险装置。通过试灯发光强弱也可以判断发电机和蓄电池的存电情况。

5）仪器检测

（1）电压法是利用仪表测试线路上某点的电压值来判断、确定电气故障点的范围或元件故障的方法。

电压法检测电路故障点简单明了，而且比较直观，但要注意交流电压和直流电压的使用以及选用合适的量程，不能选错挡位。

（2）电阻法是利用仪表测量线路上某点或某元件的通断来判断故障点的方法。电阻法检测时，应切断设备电源，然后用万用表电阻挡对怀疑的线路或元件进行测量。

（3）短路法是将设备两个等电位点用导线短接来判断故障点的方法。但是具体操作时一定要注意"等电位"的概念，不能随意短接。

（4）开路法是检测设备电路时，为了检测的特殊需要将电路断开进行检查的方法。

（5）电流法是通过测量某线路上电流是否正常来确定故障点的方法。

6）注意事项

（1）有的故障查明后即可动手修复，如触点接触不良、接线松脱和开关失灵等；有的故障虽然查明故障部位，尚须进一步检查，如因过载造成的热继电器动作，应进一步查明过载的原因，消除后方可进行修复工作。

（2）故障的修复工作应尽量回复原样，避免出现新的故障。有时情况特殊需要采取一些适当的应急措施，使设备尽快恢复运行，但仅是应急而已，不可长期如此。

（3）通电试运行时，应和装载机操作者密切配合，确保人身和设备的安全。

3. 故障检测基本步骤

1）故障调查

（1）问。电气设备发生故障后，首先应向操作者了解故障发生的前后情况，这样有利于根据电气设备的工作原理来分析故障的原因。一般询问的内容有：故障发生在运行前后，还是发生在运行中；是运行中自动停车，还是发生异常情况后由操作者停车；发生故障时，设备工作在状况，按动了哪个按钮；设备工作前后有无异常现象（如声响、气味、冒烟或冒火等），以前是否发生过类似的故障，是怎样处理的等。

（2）看。熔断器内熔丝是否熔断，其他电气元件有无烧坏、发热、短线，导线连接螺钉是否松动，电动机转速是否正常。

（3）听。通过听电动机、变压器及有些电气元件在运行时声音是否正常，可帮助寻找故障的部位。

（4）摸。电动机、变压器和电气元件的线圈发生短路故障时，温度显著上升，可切断电源后，用手去触摸。

2）电路分析

根据故障调查结果，参考该电气设备的电气原理图和电气接线图进行分析，初步判断出故障产生的部位，然后逐步缩小故障范围，直到找到故障点并加以排除。

3）断电检查

检查前先断开设备总电源，然后根据故障可能产生的部件，逐步找出故障点。

4）通电检查

在断电检查未找到故障时，可对电气设备进行通电检查。

5.3.2　装载机电气系统常见故障及检修

以柳工 CLG856 装载机为例介绍，装载机电气系统按照功能不同分为照明系统、仪表和传感器。其中，照明系统包括前组合灯、后组合灯、工作灯、顶棚灯和报警灯等，仪表和传感器包括电压表、电流表、冷却液温度表和传感器、油量表和传感器、变矩器油温表和传感器、气压表、转速表、车速表和相应的传感器等。

1. 电源系统常见故障及检修

电源系统包括蓄电池、电锁、电源总开关、保险（熔断器）、接触器、二极管、发电机、起动机等。

1）整车无电

（1）故障现象。

开电锁时听不到电源继电器吸合的声音，整车电器负载无电，例如，操纵灯具开关时灯不亮，操纵雨刮开关时雨刮不动。

（2）故障原因及检修。

① 负极开关未闭合，闭合负极开关。

② 负极开关损坏，更换负极开关。

③ 蓄电池严重亏电，重新充电或更换蓄电池保险熔断，如仍然熔断，需要仔细检查电路，查明原因后再更换。

④ 电锁损坏，更换电锁。

⑤ 电源继电器损坏，更换电源继电器；蓄电池线路接头松动，检查起动电机触点、蓄电池的四个接线桩头、蓄电池线路接点、负极开关处蓄电池线接头，并重新紧固。

⑥ 线束插接件松动，检查相关的插接件，重新连接已松动插接件。

2）电锁保险频繁烧毁

（1）故障现象。

开电锁，10 A 电锁保险立即烧毁。

（2）故障原因及检修。

① 熄火电磁铁保持线圈短路（拔掉熄火电磁铁处的插接件，再开电锁，如保险不再烧毁，即可断定为此项故障）。更换熄火电磁铁，故障排除。

② 电源继电器线圈短路（拆掉电源继电器处导线，开电锁，如保险不再烧毁，即可断定为此项故障）。更换电源继电器，故障排除。

③ 相关导线由于磨损或其他原因与大地短接。重新包扎、固定线束，故障排除。

3）蓄电池容量不足

（1）若电解液比重低或液面低使蓄电池容量不足，应调整电解液比重或更换电解液。

（2）若极板间有短路导致蓄电池的容量不足，应消除沉淀物，更换电解液。

（3）若极板硫化使蓄电池的容量变小，应脱磁处理或更换极板。

（4）若导线接触不良，时常产生放电造成蓄电池容量不足，应检查或消除接触不良的导线。

（5）若极板的活性物质脱落，致使蓄电池容量不足，应更换极板。

4）发电机正常而蓄电池却不能充电或充电率很低

（1）若蓄电池的极板硫化致使蓄电池不能充电，应脱磁处理或更换极板。

（2）若发电机皮带过松导致转速下降，导致蓄电池的充电率很低，应重新调整或更换过松的皮带。

（3）若接线不牢靠或接触不良导致蓄电池无法正常充电，应检查并消除接触不牢不良的接线。

（4）若调节器调节不当或有损坏致使蓄电池不能充电或充电率低，应重新调整或更换调节器。

5）整车不能起动（电器故障）

整车不能起动电器故障原因分析流程如图 5-13 所示。

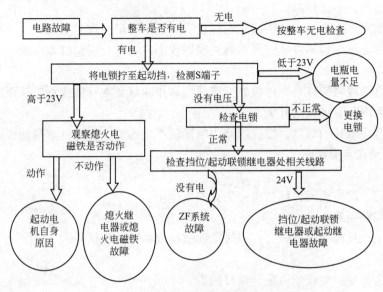

图 5-13　整车不能起动电器故障原因分析流程

2. 仪表系统常见故障及检修

仪表系统包括发动机水温表、机油温度表、发动机油压表、燃油油位表、变矩器油温表、变速油压表、电压表、工作小时计；温度传感器包括变矩器油温传感器、机油温度传感器、水温传感器、燃油油位传感器、机油压力传感器、变速油压传感器；仪表系统元件包括报行车制动低压报警压力开关、紧急制动低压报警压力开关、液压油污报警压力开关等。

1）温度表指示不正常

将温度传感器处的传感线（变矩器油温表、机油温度表、发动机水温表分别对应导线）拆下，如果传感线搭铁，仪表将显示满量程，传感线悬空，仪表将显示最小读数，说明仪表与线路良好，传感器损坏，更换传感器。否则，检查线路，如线路良好，则为仪表故障。

2）压力表指示不正常

将压力传感器处的传感线（发动机油压表、变速油压表分别对应导线）拆下，如果传感线搭铁，仪表将显示最小读数，传感线悬空，仪表将显示满量程，说明仪表与线路良好，传感器损坏，更换传感器。否则，检查线路，如线路良好，则为仪表故障。

3）燃油油位表指示不正常

将燃油油位传感器处的传感线拆下，如果传感线搭铁，仪表将显示满量程，传感线悬空，仪表将显示最小读数，说明仪表与线路良好，传感器损坏，更换传感器。否则，检查线路，如线路良好，则为仪表故障。

3. 灯光不正常

1）故障原因

（1）灯丝烧毁。

（2）线路断路。

（3）灯具地线不搭铁，如脱焊和螺栓松动。

（4）导线搭铁，造成短路。

（5）灯泡型号不符合要求，引起发电机提供的电压不足，灯光发暗。

（6）线路各触点接触不良或灯具本身地线搭铁不良等都会引起灯光发暗。

2）故障排除

（1）更换合乎规格的灯具，连接好断路导线和排除灯具本身地线不搭铁现象，更换绝缘皮已破的导线和内部有搭铁的开关。

（2）选换合乎规格的灯具，排除线路中的接触不良现象，将灯具本身地线连接好。

4. 喇叭不响或声音嘶哑

1）故障原因

（1）整流器中的整流元件已被击穿失去整流作用。

（2）喇叭线路断路。

（3）喇叭出现故障，调整螺钉拧得过紧或过松或喇叭已烧坏。

2）故障排除

（1）根据情况更换整流器或重新接好插头。

（2）更换喇叭或对其进行调整。

（3）将喇叭恢复到最佳声音，拧紧锁紧螺母。

5. 雨刮系统故障

1）雨刮电机不工作

（1）检查 10 A 雨刮保险是否熔断。

（2）检查雨刮开关是否损坏。

（3）检查插接件是否松动及线束是否磨损。

（4）检查雨刮电机电枢是否短路或断路。

2）雨刮喷头不喷水

（1）观察电机是否运转且能否泵水。

（2）检查水路是否断开（水管断开或扎得过紧）。

（3）检查喷头是否堵塞。

6. 自动复位系统故障

（1）检查 10A 保险是否熔断。

（2）检查各插接头是否连接良好。

（3）检查磁铁与接近开关的间隙。

（4）检查接近开关是否损坏。

（5）开电锁，绿灯应亮。

（6）模拟工作装置工作时磁铁与接近开关的相对运动关系，观察红灯状态是否正常。

（7）检查先导线圈，三个先导线圈的电阻值应大致相等且约为几百欧姆。

（8）检查压板与先导电磁线圈阀杆的间隙。将操纵杆扳至任一方向（前或后）的极限位置，在相反方向的电磁线圈阀杆与压板的间隙应为 0.5~1.27 mm。

7. 空调系统故障

空调系统元件主要包括风量开关、温控开关、热敏电阻、电磁水阀、压力保护开关、电子放大器等。

1）风口无风吹出

（1）故障现象。

开电锁，将风量开关旋至低、中、高任意挡位，风口都没有风吹出。

（2）故障排除。

① 空调保险熔断，更换保险，如仍然熔断，需仔细检查电路，查明原因。

② 按风量开关挡位图检查风量开关是否损坏，如损坏，更换风量开关。

③ 检查蒸发风机是否损坏，如损坏，修复或更换风机。

④ 检查相关插接件是否松动及线束是否磨损，如松动，重新连接、包扎。

2）系统不制热

（1）故障现象。

在机器运行过程中打开风量开关，并将转换开关旋至暖风挡，温控开关处于关闭位置，风口吹出的风不暖，为自然风。

（2）故障排除。

① 检查电磁水阀是否损坏，如损坏，更换电磁水阀。

② 检查转换开关是否损坏，如损坏，更换转换开关。

③ 检查相关插接件是否松动及线束是否磨损，如松动，重新连接、包扎。

3）系统不制冷

（1）故障现象。

在装载机运行过程中打开风量开关，将转换开关旋至冷风挡，并将温控开关旋至某一制冷位置，风口吹出的风一直不冷，为自然风。

（2）故障排除。

① 检查绿色指示灯是否点亮，如亮，检查压缩机离合器是否损坏、压缩机皮带是否打滑、压力开关是否正常工作、相关插接件是否松动及线束是否磨损。

② 检查绿色指示灯是否点亮，如绿色指示灯不亮，检查继电器、温控器、电子放大器及热敏电阻是否损坏，并作出相应处理。

此外，点烟器、倒车警报系统、紧急制动与动力切断电路、电控变速操纵系统故障诊断请查阅相关资料学习。

5.3.3 装载机电气系统维修安全注意事项

（1）装载机电器系统一般为非防爆设计，严禁机器在易燃易爆的区域工作。

（2）发动机熄火后，如果不关闭负极开关，电路中的很多地方仍然有电，可能会导致意外的火灾或对机器造成其他损害。

（3）插接件。维修时，应先切断整机电源，再将导线和插接件断开，否则将会导致线束损坏，保险熔断，有时甚至会因导线短路引起火灾。

在检修防水插接件时，须特别注意不能让油、水进入插接件内部，否则，必须清洗、烘干后才能重新连接。插接件插错会引起很多无法预料的故障，甚至很可能引起整机火灾，在连接插接件时，要仔细观察插接件的字母（一位或两位大写字母）标识，以免插错，一定要观察锁扣是否扣合。

（4）焊接：使用正常的焊接安全操作程序进行焊接。禁止使用机器上电器部件的接地点作为焊机的接地点；要在该电器的接地点附近进行焊接时，必须将该电器的接地点断开，并确保焊机的焊接回路没有通过该电器后才可进行焊接操作，否则将导致该电器部件被损坏，甚至导致火灾；对装有液晶显示仪表的机器，在焊接前一定要拔下仪表与整车线束连接处的所有插接件。

（5）电路检测仪器仪表。

① 使用各种电路检测仪器时，首先应了解其工作原理和使用条件，严禁不合理使用。

② 在测量前，请确认您所使用的检测仪器是否正常。

③ 测量电压、电流时，应选择适当的测量量程，免损坏仪表。

④ 严禁在电流和电阻挡测量电压。

（6）在进行蓄电池的日常维护保养及维修时，请仔细阅读蓄电池铭牌上的信息，否则有可能对身体造成极大的伤害；禁止开启蓄电池端盖；蓄电池电缆连接不正确，可能会引起爆炸；当两个以上的蓄电池连接时，请勿将不同型号特别是不同品牌的蓄电池混合使用。

（7）在制动系统压力未卸掉之前，禁止拆卸制动系统中的任何压力开关。

（8）先将发动机熄火，等待发动机与变速箱壳体充分冷却后再更换传感器。

（9）更换保险时，一定要用相同规格的保险，不允许应急使用铜丝。

能力训练项目

电气原理图是电器系统各元器件正常工作时的相互关系图，只有读懂电气原理图，才能了解各元器件在电路中的功能以及发生故障时的影响，从而正确、快速地对故障现象作出正确的判断，避免盲目大拆大卸，节约维修时间。

现有某一装载机的电气原理图，需要根据该电气原理图将装载机在电气系统方面的故障找出来，并现场排除故障。

1. 设备与工具

装载机一台、装载机对应的电路图一幅、常用工具。

2. 步骤

（1）熟悉装载机电气系统各元件在电路中所表示的符号。

（2）运用所学的分析电路图的方法将电路图分析清楚。

（3）根据电路图对照装载机的电气系统线路，尝试分析排除故障。

3. 注意事项

（1）在分析电路图时，应仔细、认真，切不要将其相似的元件符号弄混。

（2）在检查装载机电气系统时，注意采取必要的安全措施。

任务 5.4　装载机工作装置故障检修技术

学习内容

装载机工作装置出现故障后的检修。

学习目标

知识目标：了解装载机工作装置常见故障现象，正确分析装载机工作装置典型故障原因。

能力目标：能正确检测装载机工作装置以确定故障的原因、部位并正确排除，使装载机可以正常铲装作业。

素质目标：严谨认真、诚信、善于交流沟通。

5.4.1　工作装置常见故障检修

装载机工作装置的作用是用来对物料进行铲掘、装载等作业，它一般由铲斗、动臂、摇臂、拉杆等组成。装载机工作装置在很大程度上制约工程的施工质量、进度与成本。针对工作装置不同程度的斗齿磨损、刀板磨损、铲斗变形、动臂支撑点磨损等故障，采用不同的维修方法。

1. 摆动桥前后窜动，尼龙套窜出

1）原因

后桥后摆动轴内的定位板紧固螺栓松动。

2）检修

（1）千斤顶顶起车架，让后桥基本放松。

（2）装入尼龙套，紧固螺栓。

2. 摆动桥上下撞击声

1）原因

后桥前后摆动轴、轴套磨损或丢失。

2）检修

千斤顶顶起车架，后桥不动。取下后桥和摆动架进行更换。

3. 前后桥频繁松动

1）原因

桥体定位间隙大，桥连接螺栓变形。

2）检修

补焊定位块，更换桥连接螺栓。

4. 传动轴、中间支承频繁损坏

1）原因

（1）桥体定位不良。

（2）中间支承不同心，固定螺栓松动。

（3）变速箱输出法兰面与桥法兰面不平行。

2）检修

（1）补焊定位块。

（2）松固定螺栓，转动找同心，紧固。

（3）调整变速箱前后位置，校正两法兰面。

5. 铲斗倾斜

1）原因

（1）由于铲斗单边受力，动臂变形。

（2）铲斗刀板过载变形。

（3）反向受力或三角火焰矫正（高臂侧下三角，低臂侧上三角）。

2）检修

更换或矫正焊接。

6. 铰接上下窜动、转向有声响，阻力重

1）原因

（1）铰接调整垫磨损。

（2）铰接轴承损坏。

2）检修

（1）加调整垫。

（2）更换轴承。

5.4.2　工作装置维护与检测

1. 销轴

装载机各支撑点与铲斗、斗杆、液压缸、机架连接，在工作中反复承受冲击力，产生磨损。当维护不当时易造成衬套、销轴、轴孔等磨损，甚至造成座孔变形、开裂，影响正常使用。以柳工 CLG88 装载机为例，工作装置销轴维护与检修如下。

（1）每隔 50 小时或一周，用二硫化钼锂基润滑脂润滑工作装置的各个销轴，以保证各活动部件运转灵活，延长其使用寿命。

（2）整机每工作 500 小时，应对工作装置各部件进行清洁，检查各个螺栓是否有松动现象，各焊接件是否有弯曲变形及脱焊、裂纹产生，特别是动臂横梁连接处，若发现必须及时进行修理。

（3）整机工作 2 000 小时后，应检查各销轴与轴套之间的间隙，如超过所允许的最大间隙则应更换销轴或轴套。

2. 液压缸

液压缸经长期使用使液压件老化，造成内漏或外漏，主要工作表现为铲斗铲装举升无力，动作反应慢。该故障一般采用随机检测法，将活塞杆内缩到极限位置，将液压缸下端管接头松开，通过操纵阀，施加过载压力工作 5~8 秒，若管接处有油渗出，说明该缸液压密封件破损，需要更换。同机使用的液压件，其寿命一般相当，同一位置作用的液压缸应同时更换液压密封件，确保液压缸工作正常。

3. 铲斗及斗齿

1) 磨损

铲斗是装载机铲装物料的重要工具，普通型铲斗的结构主要由主切削板、斗壁、侧板、侧刀板等焊接而成。装载机的作业条件恶劣，施工中铲斗直接与土壤、砂砾、岩石等接触，并与之产生相对运动。与此同时坚硬的物料对斗齿、斗壁产生强烈的切削、挤压和摩擦，形成严重的磨损。当磨损超限时，会造成斗齿变钝、刀板卷曲、斗壁磨穿、铲斗变形，从而降低铲装时的切削力及浪费动力。因此常将斗齿做成与铲斗分开的形式，以便斗齿磨损后，能方便更换。

注意：更换斗齿或修理铲斗时，垫稳铲斗，否则可能引起人员伤亡。

2) 检修

定期检查铲斗是否有变形及脱焊、裂纹产生，以及齿套和切削刃是否磨损，若发现必须及时进行修理或更换。

3) 斗齿更换

(1) 从斗齿的卡圈侧面将销打出，拆下齿套和卡圈。

(2) 清理齿体、销和卡圈，将卡圈安装在齿体侧面的槽内。

(3) 安装新齿套在齿体上。

(4) 从卡圈的侧面将销打入卡圈、齿体和齿套内。

装载机铲斗与斗齿如图 5-14 所示。

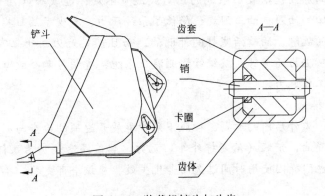

图 5-14　装载机铲斗与斗齿

4) 连杆机构

若连杆机构在工作时有机械阻力存在，会出现动臂举升缓慢、无力或无动作故障，这时需要消除阻力。操纵手柄，观察铲斗的翻转情况，如果操作不到位，则需要对连杆长度进行调整。若故障仍然未解决，则要检查工作装置液压传动与控制部分。

能力训练项目

一、测量装载机的销轴间隙，通过与正常间隙比对，提出检修措施后，完成表5-1要求的内容。

表5-1　销轴检修

销轴	销轴位置	检查项目	测量值/mm	措施
1	拉杆与摇臂铰销	间隙		
2	拉杆与铲斗铰销	间隙		
3	动臂与铲斗铰销	间隙		
4	动臂与摇臂铰销	间隙		
5	转斗油缸与摇臂铰销	间隙		
6	动臂与车架铰销	间隙		
7	动臂油缸与动臂铰销	间隙		

二、尝试对装载机油缸故障原因进行分析，并现场对故障进行诊断排除

1. 故障现象

一台装载机的转斗油缸活塞杆向外漏油，铲土时轮胎不停滑转，铲装无力。

2. 原因分析

[提示]

油缸铲装无力的原因包括液压系统的压力或流量不足；过载阀（油口溢流阀）开起压力过低，油液提前回到油箱；油缸泄漏，降低了系统压力，减少了油缸推力。

对于该装载机的故障，油缸活塞杆向外漏油，而且铲装无力，油缸密封失效非常明显，应首先修复，如果铲掘力还不够，就继续检测液压系统，查明另两个故障原因，分别予以修复，恢复装载机的工作能力。

3. 故障检测及排除

本着先易后难、先外后内的原则，按照下列步骤展开逐项的检查与测量。

（1）油缸端盖漏油，铲装（活塞杆外伸）无力。端盖漏油表明活塞杆的密封完全失效，此时活塞上的密封也同样因使用时间过久而老化失效，应该全部更换。单活塞杆液压缸结构图如图5-15所示。

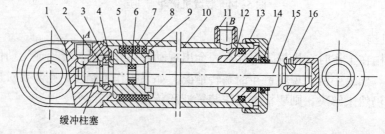

1—后缸盖；2—挡圈；3—套环；4—卡环；5—活塞；6—O形圈；7—支承环；8—挡块；9—密封圈；
10—油缸体；11—油口；12—导向套；13—端盖；14—防尘圈；15—活塞杆；16—螺钉。

图5-15　单活塞杆液压缸结构图

（2）检查活塞杆有否弯曲、扭曲，油缸体有否漏油。活塞杆端部孔里的关节轴承损坏失落或违反安全操作规程，造成油缸活塞杆弯曲、扭曲；油缸体如存在砂眼等缺陷，当其与外表沟通后就向外漏油。

（3）检查密封件。密封件是橡胶塑料类制品，使用年限长了以后不但磨损很大，而且老化、硬化，失去密封能力，出现各种内漏、外漏。外漏损失油液，污染环境，降低系统压力；内漏则减少了油缸推力。因此密封件内漏、外漏会导致铲装无力，应该更换新件。

（4）检查结果填写在表5-2中。

表5-2　转斗油缸检修

检测部件	检测内容	检测结果及维修方案
活塞杆	弯曲、扭曲、拉伤、擦痕、损伤等	
油缸体	漏油	
密封件	老化、腐朽	

经过检测、维修及装复后试车，若没有外漏现象，铲装有力，则故障消除。

参考文献

［1］张育益，张小峰．现代装载机构造与使用维修［M］．北京：化学工业出版社，2016．

［2］李波．最新装载机司机培训教程［M］．北京：化学工业出版社，2016．

［3］王秀林．装载机结构与使用技术［M］．北京：人民交通出版社，2014．

［4］王海军．现代筑养路机械［M］．镇江：江苏大学出版社，2014．

［5］张宏春，朱一德．筑养路机械维护保养实用技术［M］．镇江：江苏大学出版社，2014．

［6］魏春源．汽车电气与电子［M］．北京：北京理工大学出版社，2004．

［7］胡顺发．矿山工程机械电器系统故障诊断与维修［J］．科技论坛，2012（32）：6．

［8］王胜春，靳同红．装载机构造与维修手册［M］．北京：化学工业出版社，2011．

［9］广西柳工机械股份有限公司．柳工装载机维修技术培训教材．

［10］李文耀，姜婷，杨长征．工程机械底盘构造与维修［M］．北京：人民交通出版社，2016．

［11］吴丽丽．轮式工程车辆全液压转向系统的性能分析［J］．建筑机械，2017（4）．